教育部人文社会科学研究规划基金项目（21YJA760035）

明清黄河流域礼仪服饰艺术嬗变与文化谱系构建研究

李俞霏 著

礼制与造物

明清山东礼仪服饰研究

中国纺织出版社有限公司

内 容 提 要

本书通过研究社会文明进程中明清时期山东礼仪服饰，拓展了古代礼仪服饰的研究领域，为礼仪制度和服饰文化研究提供史料。对于进一步传承独具特色的地域服饰文化具有理论意义。同时，本书有助于深度发掘和秉持山东地域所呈现出来的艺术性、文化性以及服饰所蕴含的时代价值，从而为中华传统服饰文化的传承、创新与发展，提供应用研究的理论依据。

图书在版编目（CIP）数据

礼制与造物：明清山东礼仪服饰研究 / 李俞霏著
. -- 北京：中国纺织出版社有限公司，2022.2
　　ISBN 978-7-5180-8432-6

　　Ⅰ．①礼⋯　Ⅱ．①李⋯　Ⅲ．①礼仪—服饰—研究—山东—明清时代　Ⅳ．① TS941.742.48

中国版本图书馆 CIP 数据核字（2021）第 049052 号

LIZHI YU ZAOWU MINGQING SHANDONG LIYI FUSHI YANJIU

责任编辑：朱冠霖　　责任校对：江思飞　　责任印制：王艳丽

中国纺织出版社有限公司出版发行
地址：北京市朝阳区百子湾东里A407号楼　邮政编码：100124
销售电话：010—67004422　传真：010—87155801
http://www.c-textilep.com
中国纺织出版社天猫旗舰店
官方微博 http://weibo.com/2119887771
北京华联印刷有限公司印刷　各地新华书店经销
2022年2月第1版第1次印刷
开本：787×1092　1/16　印张：17.5
字数：194千字　定价：128.00元

前言

　　礼仪服饰是一种象征意义远大于审美意义、具有规范化功能且集中反映社会价值观的服饰，比日常服饰更具稳定性。它强调某种礼仪的重要意义，标志着个人生活及社会关系的变化。明清两朝是我国封建社会发生裂变的时期，也是我国传统服饰尤其是礼仪服饰重回华夏传统、融合复兴并走向新生的重要时期。在儒家文化发源地的山东，礼文化由思想到物质、由观念到服饰均产生深远影响。以婚、丧、祭为代表的礼仪服饰集地域民俗、礼制、伦理道德、政治经济、文化思想于一身，折射出明清山东民众对"礼"的尊崇及"俗"的融合，体现了人们的造物精神、审美意蕴和时代脉动。通过研究社会文明进程中明清时期山东礼仪服饰，拓展了古代礼仪服饰的研究领域，为礼仪制度和服饰文化研究提供史料。对于进一步传承独具特色的地域服饰文化具有理论意义。同时，有助于深度发掘和秉持山东地域所呈现出来的艺术性、文化性以及服饰所蕴含的时代价值，从而为中华传统服饰文化的传承、创新与发展，提供应用研究的理论依据。

　　本书以明清为时间主线，以山东为地域范畴，以礼仪服饰为研究对象，通过对山东省博物馆、孔子博物馆、中国丝绸博物馆、江南大学民间服饰传习馆、山东各地民俗馆中服饰实物，私人收藏家的传世服饰藏品以及墓葬出土的明清山东礼仪服饰品进行研究。运用数据统计法、聚类分割与智能提取法、色度测量技术对礼仪服饰进行实物分析，并结合地方史志、著作、论文等文献资料考证。揭示明清山东社会进程中以婚礼、丧葬礼仪和祭祀礼仪为代表的礼仪服饰嬗变，剖析时代的世风民俗与礼俗互动，构建出明清时期山东礼仪服饰的整体面貌与系统布局。同时结合数据分析，采用现代造型法则对传统元素及图形进行符号化提取，对款式图、结构图、尺寸、材质、纹样、构图形式、制作工艺进行梳理归纳，探寻差异性和规律性，建构出明清山东礼仪服饰研究体系。主要结论如下：

（1）明清山东礼仪文化发展呈现出礼文化与地域民俗之间的渐进关系。婚丧礼仪经历了明初的去蒙古化、复兴传统礼仪，从而使传统仪程留存完整。明中期至清中期的世俗化特征明显，传统观念淡化，阶级壁垒打破。清末由传统、烦琐走向新式、简约。祭孔礼仪在明代至清代更迭中日渐加隆，对祭祀礼仪的重视深入人心。

（2）明清山东以婚、丧、葬、祭为代表的礼仪服饰具有尊重传统、保守持重的类型特征和鲜明的时代性。明清山东礼仪服饰习俗与信仰保留完整，服饰款式稳定。在穿着方式上沿用唐宋之制，采用上衣下裳的搭配方式。明代婚服品官严格按照服制穿搭，庶民根据自身经济能力的差异在款式、面料、饰品的选择方面有所不同。清代山东婚服在保留明代穿着方式和服装款式的同时呈现出部分满汉交融背景下的服饰特征。丧服表现出辨亲疏、讲孝道、重伦理传统的民俗文化内涵，同时也具有逐步简化、平民化的特征。葬服多为同时代华丽、鲜艳的棉礼服并饰有宗教色彩的纹样，以期在阴间的温暖、富足、护佑后代。阙里祭孔在明清已上升为国之重典，祭孔服饰具有官方定制的特殊性，穿搭方式不得随意更改。服饰以"礼乐"教化为目的，具有深厚的人文内涵。

（3）明清山东礼仪服饰遵循儒家天人合一的形制特征与五行五色的服饰色彩观。其形制的"十字形"平面结构，呈现出均衡、对称的特征。这与儒家思想"天人合一"的自然观互相依存。通过 HSV 颜色模型和 K-means 聚类算法进行织物纹样图像分割与智能提取，有效获取了礼仪服饰色彩和图案的总体特征。因此得出结论，明清山东婚、葬、祭服均恪守五行五色审美思想，色彩饱和艳丽。婚服崇尚红色，图案色与底色之间的明度对比关系中明代比清代对比强烈。丧服尚白，表现出生者对死者的哀悼和敬畏之情以及儒家思想在山东民众心中根深蒂固的影响。葬服多以饱和的冷色为底色。明代葬服用色简约浓艳、对比强烈；清代葬服色彩多元、明度较高、色彩对比弱。祭服色彩相对单一，选用无图案或图案色占比极少，体现出慎终追远、庄严肃穆的人文情感。

（4）明清山东礼仪服饰面料、图案与工艺技法集地域性、艺术性和民俗性于一体。由于棉花在山东大面积种植，使得棉织物在一定程度上替代了丝织物出现在礼服当中，打破了服饰领域的阶级界限。同时，山东礼仪服饰图案具有典型的汉民族特色，图案布局讲求对称、均衡，繁简相宜。明代礼仪服饰图案造型较为粗犷、色彩稍显浓重。清代继承了明代图案的主题内容，题材和构图进一步充实，整体图案更加细腻。图案具有丰富的吉祥寓意，是山东地域独特民俗风貌的写照。鲁绣是明清山东礼仪服饰中具有地域特色的工艺技法。选用棉线做绣线，纹路苍劲，注重装饰性，具有北方地域的粗犷风格，是山东地域民俗思想的有力表达。

（5）自然环境与社会环境对明清山东礼仪服饰产生由表及里的影响。明清山东气候寒冷，极端天气频繁，使得婚葬服饰四季均以棉服为主，寓意温暖、富足。政治对服饰制度起着主导作用，山东礼仪服饰在严谨的服制与地域民俗的影响下呈现出多元并存的礼俗互动特征。经济为礼仪服饰流变提供了物质基础。棉纺织业和丝织业的发展加速了山东商业经济的繁荣，人们的着装观念由传统质朴转为奢华相向，以棉布为礼仪之衣是社会的进步。教育的重视造就了礼仪之邦依礼而行的思想氛围，祭孔服饰在道德规范中展现出丰富的礼文化的意蕴。

李俞霏

2020 年 9 月

目录

儒家传统"礼"文化植根于山东地域，在中国古代社会末期的**明清**两朝，以**婚、丧、祭**为代表的人生礼仪中，礼仪服饰折射出山东地域对"礼"的尊崇及"俗"的融合，体现了先民们的造物精神、审美意蕴和时代脉动，奠定了地域礼俗的独特基调。

儒家传统"礼"文化植根于山东地域，在中国古代社会末期的明清两朝，以婚、丧、祭为代表的人生礼仪中，礼仪服饰折射出山东地域对"礼"的尊崇及"俗"的融合，体现了先民们的造物精神、审美意蕴和时代脉动，奠定了地域礼俗的独特基调。这种具有社会符号意义又承载了人类精神文明的服饰，表达出对封建社会最后的守望和对近代文明生生不息的传递。本书以时间为主线，以"礼"文化为视角，以山东为地域范畴，从理论与实证方面研究明清时期山东礼文化的变迁和不同社会阶层、不同礼仪服饰的艺术特征与技艺。梳理地域礼仪服饰的影响因素，建构明清山东礼仪服饰的研究体系，为中华优秀传统服饰文化传承、创新与发展提供理论支撑。

第一节　研究背景与意义

一、研究背景

（一）以弘扬文化自信为导向

地域文化的空间性决定其稳定性，时间性明确其传承性，差异性决定其多元性，成为中国古代社会各地域文化互相区别的重要表现之一。作为儒家文化发源地的山东地域，其地域文化受礼的影响而根深蒂固，在封建社会末期具有独特的时代性、地域性以及阶级性。同时，由于礼仪是在一定政治、经济、社会和文化基础上形成的，并受其制约，稳定性与变异性并存。时代变革会使旧的礼仪服饰消亡、新的礼仪产生，或者旧的礼仪不断改变形式、结构和功能来适应社会的要求。本书理论揭示了明清时期以婚礼仪、丧葬礼仪和祭祀礼仪为代表的山东礼仪文化的发展与演变，剖析地域的世风民俗与礼俗互动。有助于深度发掘和秉持明清山东地域所呈现出来的文化特征从而进一步保护地域传统服饰文化，弘扬文化自信。

（二）传承传统礼仪服饰文化

华夏文明又称为"礼乐文明"。孔颖达《正义》曰："夏，大也。中国有礼仪之大，故称夏；有服章之美，谓之华。"礼仪服饰是一种象征意义大于审美意义、具有规范化功能且集中反映社会价值观的服饰，与日常服饰相比，其特征更加稳定。各个朝代对于制礼都有不同的选择，礼仪制度各有损益，礼仪服饰的确立和演变的相关问题历来为学术界所关注和重视。明清两朝跨越五百余年，是"礼下庶人"的繁荣时期。期间，以民间传统习俗为基础，以礼为主导的地域礼仪。既有明初儒家礼仪的匡复与振兴又有清代满族统治中满汉文化的交融，再有清末中国革故鼎新的中西融合。服饰的形制、色彩、纹样、面料等均成为礼仪与民俗象征意义的重要载体。多角度挖掘明清社会文明进程中山东礼仪服饰的特征，包括礼仪服饰变迁、礼制与地域民俗等，构建出明清山东礼仪服饰的整体面貌与系统布局，为中国传统服饰文化的可持续发展提供应用研究的理论依据。

二、研究意义

（一）以断代史为视角进行中国古代服装历史和文化内涵的研究具有较强的实证价值

明清时期是我国封建社会发生裂变的时期，也是我国传统服饰尤其是礼仪服饰重回华夏传统、融合复兴并走向新生的重要时期。从时代来看，元明易代之后，明初尚有蒙古族及西域少数民族在内的大批来自北部和西部的移民涌入，山东礼仪服饰呈现出"去蒙古化"的时代特征。直至清代中后期，山东不仅是南北物资相互流通的枢纽，也是不同地域、不同文化相互交融的重要通道，此时的服饰不仅与国家权力发生关联，而且与社会文化发生关联，成为集地域民俗、礼制、伦理道德、政治经济、文化思想于一身的象征符号。因此，通过历史断代研究明清时期的礼仪服饰，可以看到不同历史时期山东社会由表及里的社会变革、礼俗互动、文化演进、人们思想意识的深层次脉动。这些研究对于探寻明清山东礼仪服饰文化内涵和历史渊源梳理具有重要的实证价值。

（二）地域史研究对于进一步传承独具特色的地域服饰文化具有理论意义

山东地域的礼仪服饰文化丰富灿烂，具有浓郁的地域特色，但地域服饰研究中对明清山东礼仪服饰文化研究却凤毛麟角且缺乏系统性。山东作为儒家文化的发源地是我国历史上较早开发的地域之一，其文化也是中国古代璀璨的传统文化中重要组成部分，以儒家礼文化为根基的山东文化在明清走向繁荣。期间山东不仅是南北交通和沿海贸易的必经之地，经济较发达，而且在思想、科技、教育等领域，也都处于全国的显著地位。从一定意义上来说，明清全国各省区中，山东地域的经济和文化水平较具代表性。通过对地域礼仪服饰进行全面、系统的考察和分析，可以减少或避免全国性宏观特征以偏概全的弊端，展现地域礼仪服饰的特征，系统勾勒出地域社会独具特色的礼仪风俗，以及特定历史时期、文化背景下发展演进的哲学思想、社会整合、由俭入奢的生活习俗、从尊礼守制到违礼逾制的道器纠结。同时，发掘形、质、色、艺、技等方面具有的艺术属性，对于探索地域审美与文化特征、传承传统服饰文化遗产具有非常重要的艺术价值。

（三）礼仪服饰研究对于地域礼俗文化研究具有重要的现实意义，拓展了古代礼仪服饰的研究领域，为后人研究礼仪制度、服饰文化提供史料

礼仪，在中国古代社会有着悠久的历史，在社会进程中起着举足轻重的作用。作为中国传统文化的外在表现，礼仪服饰集丰富的服饰品类、别具一格的搭配艺术和精湛的制作工艺之大成，融汇中国古代哲学思想、伦理道德、宗法思想于一身，反映出古代礼制观念的嬗变过程，具有深刻的文化内涵与艺术意蕴，是宝贵的文化遗产。"百里不同风，千里不同俗"，地域的不同也会令同一礼仪具有不同的表现形态。明清山东礼仪服饰融汇了特定历史时期独具地域特色的生活方式、生存智慧、文化创造，通过将礼仪服饰背后沉潜着的礼仪观念、礼仪制度和礼仪形式进行提炼升华，运用在现代服饰美学及设计理论体系中，以艺术和科学为两翼，形之于物，赋之以道，为现代服装设计提供应用素材。同时有利于探索礼文化的发展轨迹、挖掘服饰中蕴含的礼仪功能与作用，唤起人们弘扬传统文化的使命感，具有重要的学术价值和现实意义。

鉴于以上三个方面，以地域服饰为视角开展古代礼仪服饰文化研究是一项具有现实意义的课题。本书通过明清山东礼仪服饰，分析探讨独具特色的服饰特征、地域礼俗以及其社会环境、文化背景等。

第二节　研究对象及概念界定

本书以明清山东礼仪服饰为主要研究对象，包括服装、饰品以及服饰穿着的文化主体。开展研究之前，首先对本书中的"明清""山东""礼仪服饰"等关键词做出界定。

一、选题时间范围——明清

明清时期，处于中国封建社会末期，中国社会呈现出封建专制末期独有的时代特征。同时，这段长达五百余年的历史中服饰文化受到政治、经济、民俗、思想以及社会生活等多方面的影响，在发展过程之中既有较强的传承性与一致性，又在各个历史时期存在时代差异性。

本书根据明代思想文化和社会风气的变化趋势，将礼法秩序稳定、社会变化迟缓的洪武至天顺（1368～1464年）时段划为明代前期；将民众礼法观念日渐松动，出现较为明显社会变化的成化至正德年间（1465～1521年）划为明代中期；将国家控制松懈，社会文化日趋多元，各地普遍发生剧烈社会变动的嘉靖以降（1522～1644年）视作明代后期；清朝建立到康熙中叶（1640～1700年）为清代前期；从康熙末年到咸丰之际（1701～1860年）为清代中期；同治年间到宣统年间（1861～1911年）为清代后期。

二、选题地域范围——山东

地域文化受自然环境因素和社会环境因素的影响，在民风习俗、社会形态、生活方式等方面存在不同程度的差异，包括物质差异和精神差异。进而形成了地理区域内独具特色又源远流长的文化传统和地域文化特色。

山东，位于华北平原东部，黄河下游，处于北半球暖温带，具有暖温带季风性气候特征，四季分明，矿藏丰富，地理环境优越。从地形地貌来看，山东东部沿海，土地贫瘠耕作条件较差；中部和南部属于山地，西部和北部为黄河冲积平原。平原地势平坦，土壤肥沃，利于种植和农业发展。嘉靖《山东通志》中记载"济南、东、兖颇称殷庶，而登莱二郡、沂济以南，土旷人稀，一望尚多荒落"。地形地势对交通和人居生活造成很大影响，也导致了地区性发展差异。平原地带地势平缓，交通相对便利，而丘陵、山地由于地形的特殊性不利于道路延伸，交通发展受到限制，与外界沟通不便。山东西部连接河南、河北，为城镇发展提供了便利条件，经济的频繁往来使区域商品经济快速发展起来。尤其是明代京杭运河穿境而过，带动了沿岸的区域经济的迅速崛起，成为全省乃至整个北方经济文化发展重心。直至清中期以后，山东的发展速度缓慢，呈现日渐衰落的趋势，虽然仍是北方经济、文化较发达地区，但已大不如前。山东人的传统观念、思想意识日渐遭受到冲击和挑战，文化、社会风尚与习俗等社会深层的变迁逐步发生。礼仪服饰作为物化的载体，具有独特的地域特征，记录着这一荣一枯的时代变革。明代山东疆域南至郯城，北至无棣，西至定陶，东至海，共有六府组成，包括济南、东昌、兖州、青州、莱州、登州。清代在沿袭明代行政设置的基础上，略有调整。经过裁撤合并，由明代六府增为十府，增加了泰安、武定、沂州和曹州四府。本书中"山东"主要围绕鲁西、鲁西北地区的运河沿岸（兖州府、东昌府）、鲁中内陆地区（济南府）、鲁东沿海和鲁南地区（青州府、莱州府、登州府）进行研究。

三、研究对象——礼仪服饰

礼仪，不仅是中国古代道德的标志，也是华夏文明的重要组成，更是中华民族独具特质的精神风貌。在中国古代社会，"礼"为体，"仪"为用。

"礼"是抽象的，是由一系列制度、规范所构成的具有社会共识的伦理道德标准。它作为一种社会观念和意识，时刻约束着人们的言谈举止、行为方式。"仪"是"礼"的表现形式，严格遵循"礼"的内容，形成一系列完整、系统的程序和形式，它是具体而有形的。礼具有多元的文化形式，不同时代、不同社会、不同礼仪场合，礼的实施和等级有着很大差异。《周礼·大宗伯》将礼仪分为吉礼、凶礼、宾礼、军礼、嘉礼"五礼"。其中嘉礼的内容是针对"礼下庶人"制定的，做到了"亲万民"。宋代朱熹在《仪礼》基础上删繁就简，取精用弘的进行改革，撷取其中最能体现儒家人文精神的冠、婚、丧、祭四种人生礼仪，率先实行。人生礼仪始于冠，本于婚，重于丧、祭，是民间生活的大事。

礼仪服饰作为礼仪的外在表现形式，体现出礼的内涵与特质。不同时期的礼仪服饰反映出这一时期礼仪的流变及影响礼文化走向的相关因素。同时，诸多改变礼文化发展进程的因素，又成为礼仪服饰不断变化的助推器。诸如政治事件、思想传播、宗教信仰、多民族的文化交融、审美意识流变等。以婚、丧、葬、祭为代表的人生礼仪，安排在人生重要节点上，在发展过程当中与社会、生产、生活、信仰等相互交织，集中体现了不同地域、不同社会文化、不同民风习俗影响下的形色各异人生观和价值观，是个体生命阶段的重要礼仪。礼仪种类的多样和内容的复杂使得礼仪服装也呈现出多样化的特点。从婚丧嫁娶到祭祀祖先，多种多样的礼仪充盈着人们日常生活的各个方面。礼仪服饰不同于日常服饰，它强调的是某一仪式的重要意义，标志着个人生活及社会关系的重要变化，强化着彼此之间的亲密关系或等级关系，因此带有象征符号的性质。《唐律疏议·杂律》和《元典章》分别有"舍宅车服器物"条和"服色"条。明、清时期的礼仪秉承了宋代《政和五礼新仪》中"礼下庶人"的原则，礼仪的规定也更加明确、完备、细致。重要的礼仪法典分别是《明集礼》和《清通礼》。如《明集礼》中对士庶的"冠礼""冠服"、庶人"婚礼""丧礼"等有了翔实的规范。此外，一些法律形式也对冠服礼仪提出了要求，例如《礼器图式·冠服》、《明律例》和《清律例》的"服舍违式"条例、《明会典》和《清会典》中的"冠服"等。

礼仪服饰是服饰中具有社会符号意义且能体现人文精神的一类服饰。礼仪服饰又具有地域性，不同地域也会令同一礼仪服饰具有不同的表现形态。本书主要针对明清山东不同时代、不同性别和社会等级的婚服、丧服、葬服、祭服所涉及的首服、主服、足服等进行研究。分析山东地域婚丧嫁娶、神祇祭祀等礼仪中所包含的民俗文化发展、社会历史变迁的轨迹以及礼制与民俗相关的服饰现象变迁、行为及生活方式等。

第三节 国内外研究现状

随着社会发展和综合国力的不断提升，对于中国古代服饰文化研究的热潮日益高涨，国内外学者从各自的学术视角展开研究，并在不同领域取得了丰硕的研究成果。本书主要针对明清服饰、明清山东服饰、礼仪服饰等相关国内外研究现状作以下文献综述。

一、国内研究现状

（一）明清服饰文化研究

明清服饰文化方面的理论研究相对宏观且丰富，研究者们从多角度、多层次阐述了服饰发展的历史。其观点与论著推动了明清服饰文化研究的进一步发展。国内学者的学术成果不胜枚举，研究焦点主要集中在以下三部分。

其一，侧重明清服装历史的研究。主要论著有沈从文《中国古代服饰研究》，这部学术专著抉微钩沉的探讨了自于殷商迄于清朝的中国古代服饰制度的沿革、服饰的色彩、形制特征和相关的生活仪俗。同时，作者又广泛参考造像、俑像、画像砖石、墓窟壁画等考古资料与历史文献互相印证、绘制出大量图稿加以说明。为此后的服饰研究奠定了良好的基础和基本框架。这种文献与考古资料相互对照的研究思路以及编纂体例也为服装通史研究提供了思路。孙机《中国古舆服论丛》等论著理论概述性强，为我国古代服装史论的研究，包括对明清服饰历史的理论做了周详的论述和梳理，搭建了较为完整的古代服饰理论框架，是我们从事服饰研究的理论基奠。此外，黄能馥等的《中国服饰通史》以历史为序，以服饰制度、款式、面料、纹样、配饰等为主线，全方位叙述了中国服饰文化的演变轨迹；周锡保《中国古代服装史》系统阐述中国古代服饰承前启后的演变历程及服饰制度。高春明《中国历代服饰艺术》以出土和传世的服饰实物、历代名画、陶俑等文物为依据，以时代为阶梯，解读衣、冠、袍、履所表征的历史年代、工艺特征、技术水平等，内容翔实、生动。

其二，侧重于明清纺织品与纺织业的探讨。主要有赵丰、尚刚、龙博《中国古代物质文明史——纺织》，刘克祥《中国麻纺织史话》，方显廷《中国之棉纺织业》，朱新予《中国丝绸史通论》，赵丰《中国丝绸艺术史》，赵丰、金琳《纺织考古》，张晓霞《中国古代染织纹样史》，阙碧芬、范金民《明代宫廷织绣史》，邵旻《明代宫廷服装色彩研究》，李应强《中国服装色彩史论》等。这些论著中对明清纺织品历史、缂织技术、织物纹样、夹缬、织绣手法、色彩复原等进行了阐述，翔实深入地展现出明清的政治、经济、文化背景，纷繁的传统染料种类、考究的染色工艺、富有意蕴的色彩名称与色彩谱系、丰富多彩的织物品类型、织造和染织机构分布等，兼顾技术和艺术，对明清纺织品及纺织机构进行了分析研究。

其三，侧重于从社会文化史（生活史方向）、经济史、艺术史等视角进行研究。主要有陈宝良《中国妇女通史·明代卷》，陈宝良《明代社会生活史》，陈东原《中国妇女生活史》，秦永洲《中国社会风俗史》，尚秉和《历代社会风俗事物考》，徐杰舜《汉族民间风俗》，王熹《明代服饰研究》，王建辉《明朝生活图志》，崔荣荣《明代以来汉族民间服饰变革与社会变迁》，扬之水《奢华之色——宋元明金银器研究》，林永匡、王熹《清代社会生活史》，郭松义《中国妇女通史·清代卷》，严勇、房宏俊、殷安妮《清宫服饰图典》，殷安妮《清宫后妃氅衣图典》，殷安妮《故宫织绣故事》，王金华《中国传统服饰：清代服装》，魏娜《中国传统服装襟边缘饰研究》，王渊《补服形制研巧》，张志云《礼制规范、时尚消费与社会变迁：明代服饰文化探微》等。以上论著，学者们均从不同的学科角度与服装学科结合进行理论研究。立足于服装实物，运用艺术学、民俗学、服装学、社会学等理论展开专项研究，对明清服饰特征诸如传统服饰的形制、面料、色彩、纹样等研究皆很深入且对文化差异进行了横向比较。论著或涉及明清两朝的生活习俗、礼仪民俗，或专注于研究明清服饰，为我们提供了明清服饰发展、风俗、礼俗流变的社会背景等详细信息，具有较高的学术价值。

通过以上分析可以看到，当前以明清服饰为对象的研究已经从纺织科学与工程、服装设计与工程、艺术史扩展到社会学、艺术人类学、民族学等多学科多视角展开。其中，纺织科学与工程领域的研究较多集中在明清纺织品色彩及面料性能方面，为本研究提供了一定的理论和数据支持。在服装设计与工程领域的研究多集中在明代服饰款式、结构、纹样及搭配方式方面，内容比较丰富，是本研究的主要基础理论之一，但是对于明清不同地域、不同类型的服饰特征和差异仍需考证大量古籍、地方志、文献资料等进行补充，这也是本书在山东婚礼服、丧服及祭祀服装中需要深入探讨的部分。同时，以上研究专注于对"物"本身，而少有对于服饰地域性的研究，如地域服饰呈现出的民俗特征、礼仪特征等研究相对薄弱，这也是本书中所要重点探讨的问题之一。

（二）明清山东服饰研究

对于明清山东服饰的研究，通过学术史梳理可以看到其更多地侧重于明代及清代山东传统服饰实物。这些服饰资料现藏于山东省博物馆和孔子博物馆，服饰来源主要分为两个方面，一是孔府旧藏；二是鲁荒王朱檀墓的出土服饰。孔府旧藏服饰是历代衍圣公亡故后，其生前所用服饰装箱打包，束之高阁。由于孔府的特殊社会地位，未遭兵火，得以保存。这些服饰多为皇家赐服，属于等级较高的礼仪服饰。而朱檀墓的出土服饰则是明代亲王冠服，代表了明代皇家礼服。对于以上服饰的研究主要围绕衍圣公赐服图案、服饰形制、刺绣工艺等。例如《大羽华裳——明清服饰特展》《斯文在兹——孔府旧藏服饰》,许晓《孔府旧藏明代服饰研究》,崔莎莎、胡晓东《孔府旧藏明代男子服饰结构选例分析》,韩敏敏《瑞兽祥禽画衣冠,黼黻灿烂文章鲜》。以上资料主要围绕衍圣公赐服及民间刺绣图案的研究、服饰形制的研究等。在一些研究明清山东的著作当中均有不同程度地涉及山东地域服饰搭配、面料等相关内容,如王云《明代山东运河区域社会变迁》,安作璋、张熙惟《山东通史·明清卷》,张勃《中国民俗通志节日志》,许檀《明清时期山东商品经济的发展》,胡梦飞《明清时期山东运河区域民间信仰研究》。

以上研究在纺织科学与工程领域所涉及的仅有染色方法和饰品的工艺制作方法,总体来讲研究方法较少。在服装设计与工程领域,则从服装工艺角度对服装结构包括袖型、褶裥、制作工艺、饰品搭配做了翔实、科学的论证。

(三)礼仪服饰研究

关于礼仪服饰的研究多来源于种类繁多的古代典籍,主要分为古代典章和礼俗研究两方面。

其一,在古代礼仪服饰研究方面以古籍类著作为依据,主要分为两部分,一是以礼仪服饰的形制为主的文献,这类文献多以文字叙述或手绘形式表现礼仪服饰的造型结构;二是介绍服饰礼仪典章为主的文献,逐一描述不同社会等级的礼仪服饰穿着和搭配方式、场合着装与禁忌等。同时,儒家经典诸如《周礼》《仪礼》等,为研究古代礼仪提供了全面参照体系,提出了服饰是礼仪的重要组成部分之一。论述服饰的专著还有《深衣考》《冕服考》《释服》《妇人鞋袜考》等,是较早的完整讲述古代礼制的著作,具有较高的学术研究价值。宋代聂崇义所著的《三礼图》，四卷内容（冕服图、后服图、冠冕图、丧服图）均记载了有关礼仪服饰的介绍且以图像形式进行服饰表现。这些史料是较早且较完整的记载中国古代礼仪制度的专著，对后世研究提供了极有价值的参考。《仪礼》共十七篇，集春秋礼仪之大成。其中《士冠礼》和《丧服》记载了东周以前的冠服礼仪。《丧服》不仅是礼仪经典，也是后世规范丧礼服饰主要参考的礼仪论著，其影响尤为深远。《礼记》是对《仪礼》的进一步说明及补充。其中与服饰相关的共六篇，分别为《深衣》《玉藻》《缁衣》《丧服四制》《服问》和《丧服小记》。《深衣》和《玉藻》系统论述了先秦深衣制度、衣用等次等。《明会典》是一部辑录明代章程法令，研究明代典章制度的法典和重要古籍，共180卷，涉及习俗、历法、服装、手工业、农业等。《大明集礼》是由徐一夔编撰，以吉、凶、军、宾、嘉、冠服、车辂、仪仗、卤簿、字学、乐为纲，是研究明代礼仪制度和衣冠服饰的重要文献之一。以手绘图像形式形象说明礼仪服饰的古籍有宋代郭若虚的《图画见闻志》，该书以绘画史论，共六卷，对先秦至唐代的冠服制度进行了翔实的考证，所载服饰名物数十种。明代王圻、王思义的《三才图会》记载了上古至明代服饰的相关资料，均以图片附文字说明的形式记载，内容细致丰富。《清会典图》是对《清会典》的附图说明，分为礼、乐、冠服、舆卫、武备、天文、舆地等。以上古籍资料是目前古代礼仪服饰研究中的理论依据和佐证材料，具有十分重要的参考价值和研究意义。

其二，研究礼仪服饰必然要深入挖掘服饰中蕴涵的"礼"。"礼"文化研究一直以来都是中华文明发展的主旋律。礼文化的研究论著颇多，例如彭林《中国古代礼仪文明》将礼文化置身于中国古代人类文明的背景中，细致而全面地对中华礼文化进行深入研究，包括礼的分类、礼的要素、礼的发展脉络等；葛晨虹《中国礼仪文化》。从中华文明的本质出发，站在文化成因的角度分析礼仪，阐释礼仪作为协调中国古代社会发展的方方面面；胡戟《中国古代礼仪》以三礼为基础将冠、婚、丧、祭为代表的人生礼仪及朝会、书仪、乡饮酒礼等进行全面细致的分析；杨志刚《中国礼仪制度研究》系统分析了礼制沿革与历代礼典，吉礼、嘉礼、宾礼、军礼、凶礼的变迁与时代特征，总结出礼与中国文明演化的若干特点；丁广惠《中国传统礼仪考》、王革非《我国古代婚姻与女性传统婚服简略》、李媛《明代国家祭祀制度研究》均以时间为脉络展开礼仪文化的研究，包括礼仪的发展历史、不同时代的礼仪演变、不同礼仪的传承特点并考证了婚礼服饰、祭祀服饰等；徐渊《仪礼丧服服叙变除图释》讨论了先秦丧服服叙和服制问题，绘制了丧服服叙、变除图表68幅，每幅图后有对《丧服》的经、记、传文所做的释文和按语，深化了晚清以来的《仪礼》学和丧服研究，对于了解先秦礼制十分有益；王春晓、郭铁军《衣观传统》将中国古代服饰按照不同主题进行研究，高度概括总结出在礼信、等级、忠孝等主题下的服饰特征；张佳《新天下之化——明初礼俗改革研究》；赵克生《明代乡射礼的嬗变与兴废》；何淑宜《明代士绅与通俗文化——以丧葬礼俗为例的考察》《士人与儒礼：元明时期祖先祭礼之研究》；刘续兵、房伟《文庙释典礼仪研究》；孔祥林、管蕾、房伟《孔府文化研究》；陈成国《中国礼制史元明清卷》。以上研究立足中国礼仪文化，寻根溯源的探讨了礼在华夏文明中的发展、演化，全面阐述礼的内涵。涉及礼仪制度、礼仪类别、礼仪服饰的款式、面料、色彩及蕴含其中的服饰思想等。对研究不同时代的礼文化、礼俗互动及相关的礼仪服饰提供了重要依据与参考。

综上所述，国内对明清服饰文化和明清山东服饰的研究，由表及里，从初期由文献到文献，以史料为基础开展理论研究，逐步趋向于将传统服饰的艺术性与社会性系统、深入地进行综合研究，由点及面层层深入，且取得了一定成果。但是，中国古代地域服饰研究仍有较大空间，尤其是儒家思想发源地、主流文化为基调的山东服饰文化研究亟待深入。同时，着装者及背后的社会关联性、整体性、整合性仍需继续深入。此外，以礼仪服饰为载体的地域服饰专著较少。对古代山东礼仪服饰进行扩展性研究，或者对于非物质文化遗产的礼仪服饰文化精神内涵及其所体现出的信仰和价值观进行系统研究和思考有待继续深入。

二、国外研究现状

（一）国外对本土服饰文化的研究

国外学者对于服饰文化的社会性研究方面起步较早，主要研究成果有法国学者费尔南德·布罗代尔的《十五至十八世纪的物质文明、经济与资本主义》第一卷《服装与时尚》一节，从特定角度将服饰与社会、服饰与阶级、服饰与变革相关联的进行研究，拓展了历史研究的视角；法国史学家丹尼尔·罗什（Daniel Roche）的《一部关于日用品的历史——1600～1800年的法国消费形成史》，讲述服饰表象之下人们的思想差异和微妙的情感结构变化。有关世界服装方面的研究日益多元化、系统化，为世界服装历史、民俗和理论的研究提供了良好的基础。约翰·索布拉托（John A.Shoup）的《叙利亚服饰文化》将服饰与历史、生活形态、社会习俗、农业、手工业、婚姻、音乐和舞蹈进行综合研究，拓展了地域服饰文化研究的思路。萨拉·潘德加（Sara Pendergast）与汤姆·彭德格斯特（Tom Pendergast）的系列丛书《时尚·服饰文化·头饰·纹身·鞋履历史》，对世界上几个主要的国家的服饰历史和文化进行研究，包括古代中国社会、现代中国服饰历史与文化，列举了中国龙袍和旗袍。海伦·布拉德利（Helen Bradley）、唐纳德·约翰逊（Donald Clay Johnson）的《不同文化下的婚俗服装》阐述了欧洲主流婚服、亚洲不同文化背景下的印度、日本等不同国家地域的婚服与婚俗。柯律格的著作《长物：早期现代中国的物质文化与社会状况》对于明代中国的消费与阶级、古物在明代物质文化中的功能、晚明社会生活、明代奢侈品做了详细论述。

（二）国外对中国传统服饰及山东地区的传统服饰文化研究

国外学者对于中国传统服装和饰品的研究也有一定建树。尤其热衷我国民族服饰的收藏，包括刺绣、弓鞋、袄裙、旗袍等。例如《世界服饰细节》（*Dress in Detail from around the Word*）、《中国服饰》（*Chinese Clothes*）、《中国服饰演变》（*Changing Clothes in China*）、《中国龙袍》（*Chinese Dragon Robes*）对中国古代袄、褙、衫的形制、大襟的款式结构、民国时期的旗袍等均有介绍，大多侧重于影像、造型的表象分析，对于服饰中蕴含的造物思想、时代的审美特征等少有涉及。禄是遒（Henri DORE）的著作《中国民间信仰研究》（*Recherches sur les superstitions en Chine*）是结合文献、田野调查撰写的，有关中国民间习俗、婚俗、丧葬习俗、岁时习俗、占卜、符咒等。在中国众神部分还介绍了佛界和道界的许多神话故事，包含大量的中国年画等民俗图片资料，展现了中国古代的部分礼仪服饰。此外，明清时期一些国外画家和摄影家以图像的形式展现我国近代服饰，如《晚清碎影——约翰·汤姆逊眼中的中国》，记录了1870～1872年广东、澳门、北京、上海等地人们的穿着。另有韩国学者金成熺的《染作江南春水色》，以传统文化的连续性为出发点，将古代与现代染色工艺相关联，用纺织科学与工程的方法对中国传统的染色技艺包括染材、染工、辨色、色谱等进行研究。日本注重传统色彩的研究，日本色研所出版的《中国的传统色》，其中收录了320个色彩名称。

国外对我国传统服饰的研究多聚焦于宫廷服饰或具有代表性服饰形制的

分析和实物影像的采集上，主要以收集、整理史料文物为主，而在挖掘传统服饰中的文化寓意、解读服饰技艺和艺术特征方面研究较少，对于有浓郁地方特色的古代山东服饰的认识则更是凤毛麟角。

综上所述，从国外对本土服饰文化、中国传统服饰、古代山东服饰研究现状分析可知，现阶段对于古代地域服饰历史与文化习俗研究比较普遍。但服饰文化在特定历史时期、特定社会背景、特定文化地域下衍生的地域社会审美倾向和礼俗特性却被忽略，从礼仪服饰及明清山东地域的角度进行阐释还有待深入。尤其是通过特定历史时期服饰的变迁进行传统文化在特定历史时期、特定意识形态、特定区域内形成的社会规范、等级秩序、审美倾向和文化观念的变迁研究，要从礼文化视角对民众意识形态、价值标准、审美观念及风俗习惯等诸多领域进行系统而又深入的实证研究是十分必要的。

第四节　主要研究内容

第一章，绪论。主要对本书研究的背景与意义、时间范围、地域范围、研究对象等进行概念界定；对涉及的明清服饰文化、明清山东服饰、礼仪服饰研究的国内外研究现状进行分析；梳理了主要研究思路、研究内容、方法与创新点。

第二章，明清山东礼仪文化的演变。借鉴哲学及民俗学的理论，以明清时期为时间主线，以山东地域六府、十五州为范畴，以婚礼、丧葬礼仪和阙里祭孔为代表，通过分析明清不同历史时期礼仪文化在山东的发展与演变，剖析礼文化与地域习俗的相互融合、阶段性特征，解读礼文化变迁的动因，研究礼文化所折射出的社会发展与世风民俗。为后续研究提供了相应的观念背景与参照基础。

第三章，明清山东礼仪服饰类型与搭配。通过服饰实物和文献考证，根据明清礼仪的类别，将不同的礼仪场合所对应的礼仪服饰进行分类整理，归纳出明清山东婚礼、丧葬礼仪、祭祀礼仪所穿着的男女服饰。通过对明清不同历史时期山东地域礼仪服饰进行实物、图片及文献资料的考证，分别总结出不同礼仪服饰中男女服饰的搭配方式及服饰特征。

第四章，明清山东礼仪服饰形制特征。立足于婚礼服、丧葬礼服、祭孔礼服实物，以袍、袄、衫、褂、裙作为样本，对其服装形制、尺寸、系扣方式等进行分析，研究服装形制的结构变化与裁剪规律；领襟、袖型、弓鞋形制的变化规律；依附服装结构线的装饰等。

第五章，明清山东礼仪服饰色彩。采用HSV颜色模型及K-means聚类算法对明清山东婚服、葬服和祭服色彩进行分析研究。总结不同时代不同礼仪服饰的用色特点、配色规律以及色彩所体现出的礼仪特征等。

第六章，明清山东礼仪服饰图案、面料与工艺技法。对明清山东礼仪服饰实物面料和刺绣技法进行系统分析，归纳总结出不同礼仪服饰所用面料和刺绣技艺的共性及差异性；采取个别研究、比较研究和整体研究相结合的方法，对明清山东礼仪服饰中的图案特征与布局进行系统分析，从而对服饰中的艺术特点作整体关照和系统认识。

第七章，明清山东礼仪服饰影响因素。研究明清时期不同历史阶段山东礼仪服饰的发展特点，包括在第三章～第六章服饰实物研究基础上，探讨明清山东自然环境和社会环境对礼仪服饰的影响，包括自然环境、政治、经济、教育文化等各方面对山东礼仪服饰流变所产生的不同作用力，解读礼仪服饰在礼文化与地域民俗文化不断互动演进的过程中，由元明易代时期呈现出的去蒙古化特征，到中后期至清代僭越礼制的着装特征，呈现出从表层社会面貌向深层思想意识的变革。

第八章，结论。提出目前本书研究的不足及对未来研究的展望。论述明清山东礼仪服饰中涉及的物质体系及非物质体系，总结明清山东礼仪服饰的总体特征、流变过程，研究过程中的困难与不足，指出未来研究的方向。

第五节　研究方法与创新点

一、研究方法

（一）文献检索法与考据法

利用文献检索法分析与本书研究相关的明清服饰历史、礼文化发展史、明清山东民俗文化等相关论著，不断梳理、完善明清山东礼仪服饰理论研究体系，形成问题意识，进而对研究对象进行界定，明确研究的逻辑起点与方向。利用文献考据法对现存的明清山东地方志、社会史、地方通史等历史文献进行整理，搜集并考证历史文献，以丰富明清山东礼仪服饰的研究。地方史书具有浓厚的地方色彩，不仅汇聚了山东的风俗资料，更可借此观照明清两朝的上、下层官僚或文化体系流动状况以及对礼仪服饰的影响；对中国知网CNKI、万方数据知识服务平台、数字古籍图书馆进行数字文献收集；在山东方志馆、山东省图书馆、山东大学图书馆等中文数据库、A&HCI数据库等搜索引擎中检索相关博、硕士论文和期刊论文。研究明清山东政治、经济和地域民俗的发展动因，分析不同历史背景和社会环境中礼仪服饰的特征与差异，同时借鉴优秀研究成果，融合不同学科内容，不断夯实理论基础。

（二）调研考察法

调研考察法是民俗学与艺术人类学中常用的研究方法。本研究对现存明清山东礼仪服饰的博物馆、传习馆、民俗馆及私人收藏家所搜集的实物藏品进行实地调研，力求完善礼仪服饰的实物搜集与整理工作，不断充实研究内容。在博物馆调研方面，先后前往中国国家博物馆、中国丝绸博物馆、山东省博物馆、孔子博物馆、江南大学民间服饰传习馆等，不断补充有关明清山东地区历史文化、礼仪制度及世俗生活的研究内容。在明清山东礼仪服饰形制、面料、工艺与古籍文献调研中，以济南为中心，先后前往曲阜、济宁、聊城、青州、威海等地的博物馆、地方史志办公室、图书馆进行资料搜集整理和实地调研。针对私人收藏家李雨来老师的藏品进行实物测量，收集山东礼仪服饰中的刺绣工艺、服饰裁剪等内容的一手资料。

（三）实物分析法

以明清山东礼仪服饰实物为基础，搜集了山东省博物馆、孔子博物馆现存的明清礼仪服饰图片、古籍资料进行整理。对江南大学民间服饰传习馆中清代山东地区的藏品进行归纳分类、整理、拍照、测量，分析服饰色彩、形制、织造技法、面料特征、刺绣工艺等，以统计学及纺织科学与工程的研究方法进行实物分类、分析。结合已有文献资料，确定明清山东具有地域特色的礼仪服饰类型、搭配方式并进行详细的艺术特征分析。

（四）实验分析法

在分析明清山东礼仪服饰色彩及形制的过程中，本研究采用了纺织工程、服装工程等纺织科学技术学科所涵盖的研究成果与方法。例如，在第五章中选取具有代表性的服饰样品，利用图像处理技术将服饰图片进行RGB颜色数据向量转换，借助HSV颜色模型从色相、饱和度、明度方面对服饰进行系统分析，利用K-means聚类算法对服饰色彩进行数据分析、聚类分割、智能提取，从而有效获取明清山东礼仪服饰色彩的特征，总结不同类别礼仪服饰的色彩差异。

二、研究创新点

本研究可丰富目前我国古代服饰文化、地域礼仪服饰及地域民俗实践研究，其研究价值与创新点如下：

（1）弥补了以往中国古代服饰研究中，社会层面和文化层面被相对孤立讨论的不足，探寻礼仪服饰背后的礼俗文化结构与社会生活之间的特定历史联系。本书以礼仪服饰为研究载体，礼俗互动为着眼点，从服饰文化的物质形态到文化内涵，从地域特征到服饰文化审美，研究了明清时代不同历史时期山东地域的礼仪典章、服饰制度、形态分类和习俗特征。指出明清山东礼仪服饰的发展不仅有物质、制度、风俗等，还包括传统文化、价值观和行为规范在内的有机整体，为服饰文化研究提供了重要的研究视角。

（2）用多学科交叉的研究方法梳理明清山东礼仪服饰研究体系。本书对礼仪服饰结构、工艺、材料进行梳理。采用多学科交叉的研究方法，以设计艺术学、服装工程、图像处理技术等学科理论与方法梳理明清山东富有特色的服饰文化遗产，有力地弥补纺织科学与工程领域中对于服饰研究的不足。科学、严谨地对明清山东礼仪服饰的实物形态、技艺及其文化内涵和社会意义进行专门化研究，建构一个相对完整的明清山东礼仪服饰研究体系。

（3）基于色彩提取技术、图像处理技术与历史文献、地域民俗相结合的研究手段进行物化研究。本书以礼仪服饰实物为基础，以地域礼仪服饰色彩差异比较这一思路为推手，采用数据分析、聚类分割与智能提取的方法分章节进行研究。通过地方志、图片、文学作品等文献记载为旁证，归纳总结出明清山东礼仪服饰真实的色彩面貌，为传统服饰色彩的考证研究提供一种科学有效的实证研究方法。

第二章

明清山东礼仪文化的演变

以民间传统习俗为基础，

以礼为主导的地域礼仪，

既有明初儒家礼仪的匡复与振兴又有清代

满族统治中满汉文化的交融，

再有清末中国革故鼎新的中西融合。

去蒙古化与传统婚礼复辟、

崇尚地域婚姻与世代婚姻、

地域世家大族通婚、

匡复传统的丧葬礼仪、

丁忧守制恪守孝道。

婚嫁论财、突破门第、奢华相向、

佛道礼俗渗透、停丧不葬、

僭越礼制世婚减少、新式婚礼萌芽

葬礼奢华、新礼旧俗并存、

祭孔规模加隆、从祀有序增删、

乐舞传承创新。

传统中国是礼俗社会，礼与俗分属国家和民间的不同层次，所谓"移风俗于王化，崇孝敬于人伦"。研究地域礼仪，既要分析具有规范化功能与强制性力量的礼，又要分析多变性、易变性和自发性的民间的风俗。礼与俗相互依存，礼中有俗，俗中有礼。明清两朝跨越五百余年，是"礼下庶人"的繁荣时期。期间，礼文化经历了前所未有的变革。以民间传统习俗为基础，以礼为主导的地域礼仪，既有明初儒家礼仪的匡复与振兴又有清代满族统治中满汉文化的交融，还有清末中国革故鼎新的中西融合。

　　明清山东礼仪文化中既有以婚、丧、葬为代表对人生产生重要影响的人生礼仪，又有阙里祭孔为代表并发展成为国之大典的祭祀礼仪。婚丧礼仪安排在生命中特殊的时间段上，使自身的社会角色发生转变，标志着担负更多社会责任，承担更多社会义务，同时也融合了世风民俗与儒家礼仪。阙里祭孔是由孔子弟子为纪念老师而展开的祭祀活动，发展成为儒家推崇的文化传统。千百年来对孔子的纪念延绵不绝，可谓前无成例可寻，后有影响至深。作为古代山东遵循传统祭祀礼仪最完整、最有延续性的代表，祭孔在明清时期被推向极致。以婚、丧、葬、祭为代表的明清山东礼仪的变革是对传统礼仪的沿袭、发展与演变，在自然因素与社会因素的影响下，整合礼仪习尚与地域世风民俗。它是衡量社会变革广度与深度的一把重要标尺，好似一面折射社会百态和世俗陈习的镜子，标志着文明的进步和地域社会的发展。

　　本书以时间为主线，按照礼文化呈现出的典型特征将明清山东婚丧礼仪的变迁分为三个历史阶段，即：明初期的慎终追远，礼仪重建；明中期至清中期的革故鼎新，礼俗渗透；清末期礼仪文化的守望与曙光。具体时间划分为：明初期是指洪武元年至成化（1368～1487年），这一历史时期明朝在朱元璋的大力倡导下恢复华夏礼仪制度，家礼在山东民间得到强有力的推广，是各项礼仪相对严谨，民风相对淳朴的时期；明中期至清中期是指弘治元年至嘉庆年间（1487~1820年），这一时期跨越明代中后期及清代初期和中期，也是以礼化俗的标志性时期；清末期是指道光元年至宣统年间（1821~1912年）。此时，太平天国起义、妇女解放运动以及革命刊物影响，使山东社会原本根深蒂固的传统礼仪观念遭遇到前所未有的挑战，礼仪习俗呈现出由传统向现代、由烦琐向简约的趋势。本书对于祭祀礼仪的研究考虑到阙里祭孔在明清时期已依照国家典章进行，民间习俗对其影响较小，因此根据典章及曲阜的相关文献记载按照时间顺序分为明代和清代两个时期对祭孔礼仪进行系统、细致的分析研究，挖掘祭祀礼仪的深层次内涵。

第一节　明初山东礼仪文化

明初山东的统治秩序稳固，人们积极复兴生产力，耕稼、纺织，社会秩序安定。在思想方面，程朱理学依然作为统治秩序的理论依据获得尊崇，其影响深入人心。

一、明初山东婚礼的特征

（一）去蒙古化与传统婚礼复辟

元代减弱了儒家思想在国家意识形态中的主导地位，奉行"因俗而治"的统治原则。山东地域蒙古族群与汉族长期混居共处，使得山东民众的日常生活从衣冠形制到婚嫁礼仪都出现了"胡汉交融"的状况。元代流行的收继婚，与儒家道德观念形成了直接的冲突。儒家重视夫妇人伦，认为婚姻伦理的核心是"夫妇有别"，即每个社会或家族成员应该有各自固定、明确的配偶，不容混淆。所谓："男女有别，然后父子；父子亲，然后义生……无别无义，禽兽之道也。"儒家认为，只有男女的配偶关系固定，父子的血缘关系才能明确，才有父子亲情产生。如果男女婚姻混乱无别，就会出现"民知其母，而不知其父"的状况，与群婚杂交的动物没有差别。明初，面对这种尊卑失序的社会礼俗，以"用夏变夷"为号召，由上而下展开了一次大规模的礼仪改革，试图以儒家伦理为标准，对混乱的婚嫁礼仪进行重新规范，并以此为基础建立自身的文化正统。洪武元年，对元代婚礼中的收继婚实行厉禁。对"同姓不婚"的治罪加重，反映出伦常观念的严厉化。同时《大明令》规定"凡民间嫁娶，并依朱文公《家礼》"。山东各地婚礼的程序遵从朱子家礼。据明初山东地方志记载"男家不计妆，女家不计财"，呈现出一派质朴的婚嫁态度。

婚嫁过程中首先进行的是纳采与问名，山东又称"议婚"。基本程序是媒人受男方家庭委托前去提亲，待同意之后男女双方交换各自的生辰八字，回家占卜。然后是纳吉与纳征，山东民间称为"合天婚"，是指女方的生日以庚帖形式存放在男家神龛，自"合天婚"之日起，三天之内如果家中没有异样，便视为吉祥。男家开始选择吉日并以请帖的形式送至女家或者由媒人通知。接下来是请期和亲迎。请期是男家带着两人的八字聘请算命先生进行占卜从而选定的具体迎娶日期。该日期以有利夫妻关系幸福和谐、不妨父母、不妨家中长辈为原则，并将结婚时间告知女家。山东各地的婚礼亲迎大多选择在冬季。亲迎之礼，是婚礼中最隆重的礼仪环节，由新郎迎娶新娘至家中。新娘更换服装，进行合卺礼，举杯共饮交杯酒。随后男女一起拜见中堂，在父母和亲友的鉴证下入洞房。此时，婚礼还未圆满完成，因为在山东民间婚后的礼仪也至关重要。庙见礼、回门礼一个也不能缺少。其中，庙见礼是指祭拜新郎的祖先。这一礼仪意味着新娘已正式成为新郎家庭的一员，拥有了参与新郎家族祭祀的资格，也具有未来被祭祀的资格。回门礼是指新娘带新郎探望自己的父母。明初山东婚礼由纳采、问名起，至回门为止，遵循完整的传统婚礼仪程。

（二）崇尚地域婚姻与世代婚姻

中国古代交通不发达，区域文化交流弱，形成了不同的文化区域。到了明代，文化区域的范围依然存在，对家族所在地区的文化认同及对其他地区的文化排斥，也形成了婚姻关系区域化。明初山东的婚姻是以双方父辈或祖辈原有交往为基础的，无须通过接触相互了解，婚姻关系限制在一个相对狭小的地理区域内。在交通不便利的情况下，即使两个家庭相距几百里路程，也要走上几天时间甚至更久。其中艰辛且有贼寇掠夺的危险，所以婚姻双方家族所在地距离通常不会太远，结婚对象大体限制在本省之内。通婚的范围以一天的路程也就是一百华里为限。品官社交阅历丰富，交友广泛，其子女的婚姻地域范围要相对广阔一些。科举层次越高，职位越高，子女婚姻地域范围越大。明初，山东除地域婚姻以外还存在世代婚姻。

世代婚姻是中国古代社会较为普遍的一种婚姻现象，也称"姑表亲"。它是一种家族世代通婚的现象，为了共同的利益而建立婚姻关系。世代婚姻现象在魏晋南北朝隋唐时期较为盛行，至明初在山东一些家族中仍然保持。这也在某种程度上增强了望族相互权益的关联，使家族门第长久不衰。如济宁孙氏家族成员孙仁荣之妻马氏、孙氏乃齐河望族，其子孙孙毓泗的妻子是马绫陛的孙女，而四代人都相继迎娶了兖州乔氏家族女性。孙氏与济宁李氏、王氏、刘氏、张氏、兖州杨氏、曲阜孔氏等家族之间的婚姻缔结，均存在着世代婚姻的现象。实力相当的家族建立婚姻关系，可以紧密联系家族彼此的利益。

（三）地域世家大族通婚

明初山东在选择婚姻对象时不仅注重婚姻家族的文化底蕴与文化素养，更注重门当户对。地域世家大族之间通婚，对于提升各自家族的政治影响力，促进家族建设十分有利。因此，婚姻关系的缔结往往带有浓郁的政治因素，以便达到在政治上相互声援、扶持，以巩固其自身家族的政治地位，也形成了济宁孙氏、张氏、潘氏、李氏、兖州乔氏、杨氏和曲阜孔氏几个地方文化家族的婚姻圈子。部分山东望族在家族兴旺前多数是庶民身份，由于家境贫寒决定了其通婚对象大多是与其身份相一致的普通百姓。未入仕之前，婚姻对象的选择主要限于乡土士绅与文化世家，例如临朐冯氏家族，在冯裕还未步入仕途之前，其通婚的对象是普通平民。入仕之后尤其是成为朝廷要员之后婚姻对象则注重仕宦门第，其中不乏朝中一品大员、封疆大吏，也有知府道台等地方官员。

二、明初丧葬礼仪

山东地区素有重礼的传统，讲究仪式要依礼、依俗而行。丧葬礼仪作为意识形态的产物，承载着人们的生命观、伦理观、礼仪与道德规范、人际关系、宗教信仰，表达出山东人对生死的认知与期盼。经过世代传统与习俗的传承，深深扎根于民间社会，积淀深厚。在儒家孝道的激励下，先秦以来的丧葬礼仪不仅完整地保留下来，而且在明代达到了愈演愈烈的态势，可以说是传统礼仪的重建。在诸多丧葬礼仪程序和制度中又以匡复传统丧葬礼仪、恢复丁忧守制最为典型。

（一）匡复传统的丧葬礼仪

在古代山东人的意识里，对长辈的孝道无论生前抑或死后，都应以各种形式贯穿于人的一生。人死之后，为了体现孝子的哀痛悲伤之情，儒家制定出繁复的仪式，展现"孝"的精神。

元朝末期，异族统治弱化了对伦理纲常的尊崇，山东丧葬礼仪普遍存在粗陋的现象。明初宣扬以孝立国，摒弃异族违背传统道德、礼制的不良风俗，大力恢复华夏礼仪文明，重建汉民族正统观。洪武元年（1368年）进行了礼制改革，根据汉民族传统重新修订官民丧葬制度，包括丧服和丧仪。同时恢复儒家传统礼仪文化。对于停丧不葬杖八十，火葬及弃置水中者杖一百，居丧期间男女混杂、饮酒食肉者杖八十，僧道同罪还俗。明代山东丧葬礼仪包含丧仪和葬礼两部分。丧仪主要包括易服、初终、招魂、小殓、入殓、成服、停殡、吊孝等。葬礼由出殡和下葬两部分组成，包括吊唁、祭奠、盘棺、摔盆、下葬、墓祭等（表2-1）。经过丧仪和葬礼之后礼仪程序并未结束，之后还需根据与死者的亲疏关系服丧，期间又有圆坟、头七、五七、百日、周年等不定期举行的祭祀活动。同时，严格遵守明初的丧服服制，提升了为母服丧的规格。明初将前代为父斩衰三年、父在为母齐衰一年、父没为母齐衰三年改为无论是否父在、均为母斩衰三年。同时，庶子为母斩衰三年，为庶母齐衰一年。《明史》载："子为父母，庶子为所生母，子为继母，子为慈母，子为养母，女在室为父母，女嫁反在室为父母……皆服斩衰三年。嫡子、众子为庶母……皆齐衰杖期"。从这一规定可以看出明代在丧制方面将母亲的地位进行了提升，母亲与父亲享有同等的"斩衰三年"，反映出丧服制度对长幼尊卑的重视以及对于孝道的强调。这种变化在明初山东民间得到遵循。

表2-1　明代山东丧葬礼仪程序表

礼仪名称	仪式程序
丧仪	易服、初终、招魂、小殓、入殓、成服、停殡、吊孝
葬礼	吊唁、祭奠、盘棺、摔盆、下葬、墓祭

（二）丁忧守制，恪守孝道

在重视孝道的礼法社会里，为父母守丧是对一个人最基本的道德要求，所谓"出于礼则入于刑"。居丧违礼不仅为世人不齿，而且要受到法律的严惩。然而，官吏去职丁忧制度在元代是不遵循的。因为官员为父母奔丧，不计路途上所花费的时间，假期只有三十日；而政府对官员还任催迫甚急，超过时限不还职要受勒令停职的重罚。这与唐宋制度中所规定的官员应该在家为父母守丧二十七个月，服阙之后方可重登仕途相违背。丧祭之礼作为道德的核心内容，官员不能有所欠缺。因此，洪武元年《大明令》规定，不仅父母之祭，明初官员祖父母、叔伯、兄弟亡，同样要回乡守制，这在历代丁忧中甚为严苛。对于这一政策的执行，山东曲阜《历代衍圣公》记载："洪武三年（1370年）三月二十八日，孔希学父亲孔克坚死于由京师回曲阜的途中，希学护丧回曲阜，安葬父亲，为父守孝三年。"从山东的文献记载来看，明初山东官员改变了元代无视儒家丧葬礼仪的现象，恢复了官吏丁忧守丧，恪守孝道的传统。

第二节　明中期至清中期山东礼仪文化

明代中期至清代中期，山东逐渐从凋敝走向富足。随着运河的通航带动了沿岸贸易的繁荣，人口流动加快，世俗化趋势日益凸显，程朱理学显现出僵化与保守的一面，对人们思想的束缚日渐减弱。传统秩序中的等级、礼法面临危机，社会稳定性发生动摇。新的社会因素带来人们思想意识、世风民俗的诸多变化，此时的山东社会纷繁复杂、新旧交织的历史画面开始了由古代向近代的转型。这种新的社会文明，正谱写着封建历史的辉煌。由于山东地处政治中心北京和经济蓬勃发展的江浙之间，加之陆路与水路交通的畅通，为南北贸易和流动人口的往来提供了便利，官绅、商家的不断涌入加速了商业的发展和手工业的细分化。鲁西平原包括济南、东平等城镇迅速崛起，一跃成为经济快速发展的地区。市民力量迅速崛起，导致新的社会群体形成，农业文化与商业文化相互交融，经济繁荣，礼制松懈。礼仪、民俗、社会风尚、价值观均发生了不同程度的变化，传统的区域礼俗产生裂变。时至清代，随着政府政策的开明，民间许多前朝的礼仪被保留下来。山东地域的婚礼、丧葬礼很大程度上沿袭了明代，并在明代基础上有所完善，构成了山东地域别具一格的礼仪面貌。

一、明中期至清中期山东婚礼仪

明中期至清中期，山东地域商品经济迅速发展，人们生活水平日益提高，价值观发生变化。婚姻中根深蒂固的传统礼仪观念受到冲击，取而代之的是婚姻论财普遍和门第观念淡化。

（一）婚嫁论财普遍

山东民间自明代中后期开始，改变了明初传统观念中以婚姻论财为不齿的观念，形成了婚嫁礼俗日趋奢华的风尚。至清中期，由于六礼程序烦琐各地婚娶已很少完全遵守。多数家庭从简行之，对六礼进行取舍。东阿县"婚礼先以媒妁传言，次通婚书。不论财，与归前馈送食"。例如，明初聘礼仪为象征意义的雁或鹅，到了明中期这种礼物显得远远不够，聘礼变成了珠宝、金银等价值高昂的礼品。普通百姓甚至农家子弟的妆奁以丰厚为荣、陈设尽显奢华，所用婚娶物品甚比士大夫。从聘礼的变化来看，南方比北方更甚。如顺德府婚姻纳聘，以往只有牲畜、布匹等，自明中期以后，渐改成银钱金玉。婚姻变成了以金钱为筹码，为经济而联姻。据明代山东各地方志记载，明代后期山东婚姻论财现象普遍，聘礼、婚宴奢侈成风。嫁妆的置备日益商品化，所谓"男子承家产，女子承衣箱"。嫁妆不仅代表娘家富足同时也是自己在婆家地位的筹码。媒人会因为陪嫁的多少而赞美有加，女子也可以风光无限的出嫁。这一奢侈消费的现象在山东地方志中多有记录。以东昌府博平县为例，成化以前到嘉靖以后民风由"犹淳且厚"变为"流风愈下，惯习骄奓，互尚荒佚，以欢宴放饮为豁达，以珍味艳色为盛礼"。民间婚嫁论财的社会风气，不仅存在于山东，在全国也具有普遍性，这种地域风俗的普遍性，体现出新旧社会秩序的对比。嘉靖八年，明世宗对颁布法令，曰："止仿家礼纳采、纳币、亲迎等礼行之，所有仪物，俱毋过求"。法令虽颁布，却收效甚微。传统观念中的婚姻观念，发生着越来越物质化的转变。

（二）突破传统门第

明中期之前的山东，无论品官、贵族抑或庶民百姓，均强调门第观念。婚姻缔结的前提是门当户对。讲求彼此社会地位的平等，强调等级差异。因为在古代科举社会，地位高于财富。一个家族或个人所享有的财富、势力、土地及后续发展都有赖于政治力量的保障，而通过科举获取功名便成为变相获取了政治背景。因此，婚姻的前提是仕途前景、社会地位。"榜下择婿"盛极一时。从明代山东济宁孙氏家族的婚姻对象可以看出，仕宦门第、朝廷重臣、封疆大吏、知府道台均有涉及。望族之间的婚娶对象应具有同等知识修养和影响力的家庭或官宦。例如山东青州府望族冯氏家族，先后有九名进士及第，还出现了尚书、大学士等治世能臣。其最具影响力的婚事是与另一山东望族济南府的王氏家族的通婚，名噪青济两府。除此之外，也有与当地名士结亲的，如与著名"海岱诗社"陈经结为亲家；冯惟迎娶了清河令的女儿；冯琦迎娶太医院医士的女儿等。权贵之间的婚姻，充满了政治色彩。

到了明中后期（约嘉靖年间以后），科举仕途渐渐壅塞，山东从成化元年至万历二十二年，乡试举人的录取率由5%以上降到4%以下，可见竞争之激烈。在明中期至清中期，山东商品经济的迅速发展，造就了资本雄厚的商人阶级脱颖而出，他们通过纳捐制度，借助自己拥有的大量财富，换取理想中的政治和社会地位。士人的社会地位已大不如前，商人阶层在社会地位方面却不断上升，已经出现"士商相混"的现象。婚姻中传统的门第观念淡化，财富的多寡、资产的富足在婚姻中越来越被重视，甚至成为名门望族婚姻缔结的重要条件之一，在山东以运河沿岸尤甚。人们普遍追求利益，认为财富即是体面，社会进入了利益至上的时期。金钱渐盛，本末观念受到冲击，礼法观念动摇。至清中期漫长的百年时间里，受世俗风气的影响，传统婚姻中不同阶层和社会地位的等级差距被打破，门第观念淡化，这反映出社会架构的变化和礼仪约束能力日渐衰微。

二、明中期至清中期山东丧葬礼仪

经过明初的发展，进入明中期以后整个社会的发展呈现出一派繁荣的局面。由于农业和手工业的发展，促进了商业的兴旺和城镇的繁荣。百姓的财力日益积聚，社会风气也由节俭逐渐趋向奢侈。山东丧葬礼仪在传承先秦至隋唐的丧葬礼仪的同时，厚葬之风回归，也增加了各种冥器、佛道法事等新的民俗事象，其仪轨十分繁杂，葬礼大操大办、铺张奢侈。

（一）奢华相向的葬礼

成化年间，运河贸易日益顺畅，成为全国重要的商品流通要塞。山东的商品经济在运河贸易的带动下迅速发展起来，沿岸居民丧葬中表现为铺张、奢侈，可谓"张筵饮宴，殊乖礼法"。大户之家在陪葬品、陵墓、治丧等方面相互攀比。"闹丧"本是为了营造热闹的氛围缓解死者入土前的冷清与悲凉之情。此时，却变为彰显体面的社会现象，将传统的礼仪孝道变成维护面子的幌子。丧礼重操办之风更浓。万历《滕县志》记载："婚丧家用妓乐，纳彩奁具殡葬之物，以多为美"。查阅明代山东地方志，此类记载触目皆是。以山东运河沿岸为代表，礼制的约束日渐衰微，贸易带来物质的富足，加之兼收并蓄的开放心态，奢靡、浮夸的世风遍布民间，且日益成长为普遍现象。山东民间丧葬普遍不遵循传统，表现出奢华的特征。

清初至中期，山东葬礼可以说集前代之大成，复古之风盛行，将先秦古礼与魏晋以来的葬礼重叠进行，使葬礼变得更加复杂。增加了指路、奠浆水、送盘缠，意为让死者的灵魂一路走好。乐陵一带，死者去世第一日傍晚，亲属带着纸钱到城隍庙焚烧。第二日深夜，抬着纸轿、纸马、纸俑到家门西南方向焚烧，且报庙送浆水，早晨、中午、傍晚反复进行。铭旌演变成式样不同的招魂幡和纸幡，既有三虞哭、卒哭，又有烧七、烧百日。超度亡灵的既有和尚也有道士。在送葬的全程当中，均有吹鼓乐队参与。富裕家庭还在影壁处雕刻八吉祥等图案，雕梁画栋，婆娑起舞，甚是热闹。富裕之家送葬排场盛大，玄衣朱裳，金面三目的方弼在前面驱鬼开道，身穿红衣的吹鼓手紧随其后，后面跟着显示死者身份的旗幡，纸扎的车马、楼阁、箱柜、金山银山等各类冥器，和尚道士在侧诵经，冥币沿途洒落。除在家里搭灵棚之外，还要在外面搭一处灵棚作路祭，墓前有莹祭。平原一带则"葬必路祭"。抬旌旗的肩舆用32人、24人、16人不等。

明代中期至清代中期，山东丧葬礼仪的奢侈风气已经由少数上层社会的高官贵族或少数富豪，遍及到山东社会的中下层。庶民即便是"仆隶卖佣""娼优贱婢"亦是如此。这种奢侈与僭越的现象，变成了社会阶层追逐与竞争的场域，进而影响既有的礼仪秩序，对传统礼仪制度也造成冲击。

（二）佛道礼俗的渗透

明代中期至清代中期，山东民间对佛道的信奉空前高涨。丧葬之家一般会聘请僧道作斋，写经造像，目的是超度死者，减轻罪恶，往生极乐世界。这一观念普遍存在，影响较为深远。对于生死，儒家认为，人生在世，不过是形神二者。生则神守其形，死则神散，不再知其有形。而佛家认为，人之形是由四大偶聚幻而成，神之视形至轻，而无所顾恋。明初，由于朱元璋崇佛善僧，影响明代诸帝均信奉佛陀。明人何白在看过佛教丧礼后做出这样的评述："顾其坛宇靓洁，旛花庄严，主礼虔，僧仪惟肃。使人油然产生信心、欢喜心、皈依心。而到了深夜，点燃药师灯，缁流举行'散花'仪式时，环绕灯下。"由此可见，佛教礼仪已渗入传统丧礼之中，并为民间广泛习用。在清代滨州，"类尚浮屠，作佛事，虽达礼者未能免俗"，山东西部地区僧道佛事更是流行。无棣"治丧延僧道，通夕诵经"。丧葬礼仪中随处可见僧人诵经祈福、燃灯超度。诞生出以办白事为生的"山人"，看墓、治丧不亦乐乎。《登州志》记载："丧用僧道追尤可恨者优人伴丧。"《儒林外史》中记载，范进母亲办丧事时甚是铺张，既请了佛道僧人诵经超度，又有护丧之人无数，前来吊唁的亲朋邻里更加络绎不绝。《醒世姻缘传》第三十六回中，描写了晁老爷与晁夫人的三周年。晁家请了真空寺智虚长老做满孝的道场。各门的亲戚朋友都送了脱服礼，春莺换了色衣，小和尚也穿上红缎子僧鞋。此外，在山东民俗当中把非正常死亡认作十分晦气，要不按常规办白事。这一民俗反映出山东民众对灵魂的信奉，认为这种非正常死亡是不祥之兆，其灵魂无法得到安放，会因哀怨或者仇恨的情绪纠缠生者并给其造成灾难，便对死者的尸体产生恐惧并回避。因此，在山东葬礼时尸体不可以停放在家中，丧礼在外面举行，设坛超度，吊唁的亲朋也较少。

这一时期山东丧葬礼仪的嬗变，呈现出儒、释、道思想的相互交织。同时，在追逐排场日益奢华的社会风气影响下葬礼中深切的哀悼与不舍之情明显淡漠了许多。

（三）停丧不葬

清初山东出现了停丧不葬的现象。亲人去世，依孝道应早日入土为安，但是或是因为家中贫困，无力购买棺墓；或是困于风水未选择好吉地安葬，导致棺柩暴露在外迟迟不葬。礼制规定停丧时间与生前社会地位相关，王公贵族的尸体停放时间有明确规定且基本如期下葬，而百姓则会根据自身情况有所差异，通常不过三个月。清代不仅葬无定期，而且同县、同村各家的葬期也不一样，乐陵一带"延地师卜吉壤襄事"，葬期由地师占卜决定。临淄一带，到"二七"还没下葬。单县一带，过了"五七"还有未安葬者。昌乐一带，"葬期远近未定，常以死者年之老幼及家之贫富为衡"。山东的丧葬礼仪在此时，乡绅、富贾一掷千金。普通民众则跟风消费，凡是拥有财富与资本者，倾其所有置办丧事，意图通过奢华的用度彰显身份，这时的丧葬礼仪已然成为社会竞争的舞台。经济的驱使，启蒙思想的指引，已成为这一时期的破竹之势。追求财富、别具一格的礼仪气象是普遍的前所未有的变革。

第三节　清末山东礼仪文化

清末山东，以婚、丧、葬、祭为代表的地域礼仪在由传统向近代的演变中，更多地表现出对传统礼文化的坚守和保存，这也证实了传承性是礼仪文化最显著的特点之一。与此同时，随着国门的打开，文化运动的兴起，思想意识的嬗变，新的礼仪观念悄无声息地渗入中国知识阶层，传统礼仪观念遭遇到前所未有的挑战，新旧观念在全面碰撞中开始由上层社会、知识阶层向民间渗透，尽管这种渗透和传播是缓慢的。

一、清末山东婚礼仪

（一）僭越礼制频现与世婚减少

清末山东婚娶中，对礼制规定大多抛之脑后，聘礼中首饰、锦缎、聘金等追求奢华。即使是普通百姓索要的聘礼也要黄金三四十两或七八十两，已超越当时的五品官员婚娶标准。山东地方志记载"亲迎必用仪卫、鼓乐，鸡鹅二双，雌雄具，乘肩舆"。这种奢侈现象置礼制于不顾，在婚姻缔结过程中从内容到形式均有不合礼制之处。既有经济的原因，也有风俗的原因。此时，婚姻的意义已经不再是男女结合，而成为一种社会关系的缔结与拓展，某种程度而言婚姻的功能性兼具政治、经济、道德等多个方面。望族之间的世代通婚依然在中等以上家庭尤其是各地望族之间广泛存在，但是伴随着社会的进程、礼制的改变，晚清时山东的世婚现象已不再普遍。

（二）新式婚礼萌芽

鸦片战争之后，国外的婚姻制度以及女性在社会生活中的地位，对国人传统的婚姻观产生了冲击。同时随着工商业的飞速成长，清末新的婚姻观念渗透到知识阶层，传统观念遭遇挑战，特别是一部分文人开始身体力行于自由恋爱。光绪十九年《德平县志》记载："婚礼，重亲迎，男家不计装（妆），女家不计财。"宣统三年《滕县续志稿》记载："儿女婚姻，主自父母，无求聘金者。"光绪元年《陵县志》二十二卷记载："缔姻之始，媒妁以柬帖通姓名。纳彩，请期，送妆奁，丰啬各称其家，无较论物仪者。"尽管这种新式的婚姻形式在当时还并不多见，但对旧的婚姻制度和观念带来了明显冲击。部分女子开始寻求自由婚恋，自主改嫁的例子不断增多，逐渐形成婚礼去繁就简的趋势，婚礼开始朝简单方向发展，形成清末山东婚礼的一大特点。

二、清末山东丧葬礼仪

清末，随着社会的发展，传统的儒家思想对丧葬礼仪的影响逐渐弱化，丧葬中礼的成分日趋减少，而娱乐性和观赏性更加凸显。陪葬用纸制冥器，讲求丧事要阵仗宏大，甚至带有锣鼓、唢呐的治丧活动行动也出现在严肃的礼仪过程中。治丧礼仪多表现出奢华日盛、新俗旧礼并存的特点。

（一）葬礼奢华日盛

随着运河沿岸城市贸易的发达，山东部分城市在清末经济飞速发展，人们生活水平提高的同时购买力也显著增长，丧葬礼仪已经超越令人礼制规范，不再根据身份地位完成丧事，厚葬盛行。同时，人们正视感官享乐，合理化了对物质享乐的需求欲望，不再一味地让生活习俗去适应一成不变的僵化礼仪，对官方订立的身份等级"礼制"日益无视，以僭越违制的行为来争获社会的认同与个性的存在。在尚奢风气的影响下，社会风俗由俭到奢成为一股不可遏止的潮流，丧葬礼仪出现了前所未有的新变化。据《山东省志·民俗志》中记载，山东民间丧礼分为初丧、吊丧、出殡、埋葬及祭礼，共五个步骤。出殡是生者与死者在世间的诀别。从此阴阳两隔，因此也格外沉痛，充满哀思。通常，此时所有亲人和好友均来送别。不仅彰显家人关系的亲疏，亲友之间的团结，也是葬礼中甚是隆重的环节。要求五服之内的亲人、各方朋友要参加，人数越多越能体现死者生前的地位和为人，礼仪甚是烦琐。对于德高望重，福寿双全，家族兴旺，年纪在八九十岁老人去世，称为"喜丧"。灵柩停放三至五日，此时宴请亲朋好友，闹丧然后厚葬。嘉庆二十年《肥城县志》记载："县旧俗设盛筵以待客，演戏杂剧以娱客，扎彩棚帐，穷工极巧，共姗笑之。"而仪式中的服装、棺椁、墓穴的选择及其礼仪均竭尽所能大讲排场。豪门富贵多穿华丽绫罗、口含玉珠、奢华棺木、葬礼隆重。不仅要凸显死者的哀荣，更重要的是生者的显耀，而贫者虽旧衣衫、薄棺椁、席箔裹尸、三日出殡择土坑埋葬于田间，依旧倾尽所有。与此同时，清末山东的丧居行为也发生了变化。孝子的居丧生活日益简单。传统礼仪中父母去世，孝子应穿孝服，居陋室守孝，要不时嚎啕大哭，不近女色，不吃荤菜和水果等，以此来显示孝道和诚心。清末山东葬礼过后，孝子的居丧礼仪已日益淡化，与平日生活并无太多差异。

（二）新礼旧俗并存

清末山东各地传统的丧葬礼俗依然深入人心，因为旧的礼仪习俗普遍存在。人们不敢于挑战旧俗改变自我，礼制的约束根深蒂固，西式的摒弃程式化礼仪的行为被认为是失礼，是大逆不道。而新的丧礼观开始被人们接受，并不断地向民间渗透，丧葬礼仪保留大量旧俗的基础上除旧布新，出现了土洋结合的多样化特征。僧道诵经超度、苴绖苴杖成为主要去除对象。嘉庆十四年刻本《庆云县志》记载："惟初丧及前二夕孝子诣城隍庙烧纸钱，第二夜，门前西向设祭，焚纸草车马、童仆等物，曰'送路'。昔有请僧道伴坐谈经行香者，近日此风已息。"这些变革固然微弱，但它终究突破了传统的禁锢，并最终引发了丧葬礼仪的根本变革。

第四节　明清山东祭孔礼仪文化

曲阜又称阙里，祭孔源于阙里，后又遍布全国。因此，本书中将祭孔统称阙里祭孔，以便强调地域性。阙里祭孔一直由孔子的直系后裔掌管。每年的祭祀活动大大小小五十余次，包括四大丁（每年春夏秋冬的丁日举行的祭祀）；四仲丁；八小祭；每年初一、十五的祭拜，一年中不同节气的祭祀。同时，每当新的朝代制礼作乐时，均由孔子后裔上报前代祭孔的具体范本，提供礼乐依据及修订方案。很大程度上保持了祭孔礼乐的延续性也使祭孔具有了独立传承、基本秩序一致的特征。在阙里祭孔的嬗变进程中，逐渐形成了相对稳固的祭祀群体，独特的从祀配享模式，规范的礼仪秩序和与之匹配的乐舞表演形式。祭孔礼仪共分为六个环节，分别是祭前准备（丁期、涤生、择菜、出示、修器、演礼、演乐、洒扫、发票、挂牌、传单、造册、祝版、填榜、进香、进帛、张榜、迎祝、戒誓、沐浴、斋宿、观礼、听乐、迎牺牲、迎粢盛、司仪、省牲、视膳、给烛、陈设、验祭、点榜）、拜位迎神

（更衣、序爵、签名、序昭穆、践位、行礼迎神）、献香献帛、三献爵（初献爵、亚献爵、终献爵）、送神撤馔、卷班布席。通过仪式，以迎神、送神强化对神的敬畏，并加以拟人化。在此过程中启户、阖户、瘗毛血、望燎、迎神、送神等仪式是人神"精神交会"的重要形式与过程。进馔、撤馔、三献等仪式是人神"物质交会"的重要形式和过程。神在天界，接受虔诚的迎接，人们通过焚烧祝文和祭祀用的帛以及各类物品传递给神。在历代不断完善的过程中，祭孔礼仪已发展成高度程式化并且相对稳定的仪程。明清时期，阙里祭孔逐步完善了集礼、乐、歌、舞为一体的礼仪程序，其规模之隆重超越历代，达到历史顶峰。本书从祭孔人员的组成与来源、祭孔规模加隆、从祀有序增删、乐舞传承中创新方面展开论述。

一、祭孔人员的组成与来源

阙里祭孔由主祭、分献、监察、典仪、礼生、乐舞生等百余人组成。主祭为孔子嫡传衍圣公。"衍圣"意为繁衍孔子高贵的血统，传承千年儒家思想之意。它是皇帝赐予孔子后人专属的称谓，饱含着对孔子的崇敬、对儒家的礼赞。衍圣公负责专职祭祀孔子以及皇帝或朝廷官员到曲阜祭祀时负责陪祭。分献、监察、典仪等人均由孔氏族人担任。礼生和乐舞生在族人之外选拔。礼生设置，载于明代洪武七年（1374年），《阙里志》卷十二："洪武七年，奉例止许于曲阜县十六社内选用，随选到礼生陈庆等六十名应役，其优免供丁事例，同乐舞生……崇祯二年，衍圣公行曲阜县添设礼生四十名。"清顺治元年（1644年），山东巡抚方大猷在《恭陈平定山东十二要策》中记载："孔庙礼生，每月朔望及四时节祭祀，在庙引赞礼生名数，于曲阜等州县选用民间俊秀子弟，以授斯役，其优免例与乐舞生同。"从明清山东祭孔礼生的来源来看已经由只限"曲阜县十六社内选用"拓展到周边州县。孔府乐舞生包括乐生、舞生。明代开始，乐舞生均在兖州府管辖的县中选择适合的学生，通过两种渠道选拔，一种是为保送的优秀生源，另一种是通过和考试相择优录取的考生。被录用的乐舞生都是出身单纯的儒童，既要具备合格的专业素质又要注重品德素养、历史清白。要调查父母、祖父母和考生本人的历史，考察本人是否有不良历史，并由当地府衙予以证实，才可以成功入选，有别于民间艺人。

二、祭孔规模加隆

我国古代社会对国家祀典的活动进行分类，规模中等的典礼被称为"中祀"。明代山东阙里祭孔尊崇唐代礼仪，等级为中祀。明初的祭孔规定每年春秋两次祭祀，由衍圣公主祭，儒者行分献礼，牲用太牢，六佾舞。明中期进行了实质性改革，孔子被尊"至圣先师"，仅曲阜孔庙保留了孔子塑像，其余改为木主。这一举措改变了明代以前以画像祭祀的方式，选用塑像形式进行奉祀且一直影响至清代祭孔。

清代的祭孔规模相比明代明显上升，清初采用明代的祭祀方式，祭祀规格仍属于中祀，后又改孔子名号为"大成至圣文宣先师"，昭示着尊崇更甚。之后又改行三跪九叩之礼。这种礼仪带有鲜明的古礼成分，是中国古礼的延续和继承，被视为维系"天下体系"的整合仪式。三跪九叩之礼，通过一次次的顶礼膜拜，使身体与心灵产生"家、国、天下"的共鸣，敬畏之情在人们心目中油然而生。光绪年间，祭祀礼仪在承袭明代仪式规范的同时比明代更加隆重。它完成了中祀向大祀的升级，其规模之大，仪程之高，超越历代。

三、从祀有序增删

从祀制度作为体现祭孔内涵的制度之一，表现为以孔子为主祭的同时，依据孔子弟子对儒学的贡献以及与孔子的远近关系将陪祀分为不同位阶，即第一等级配享、第二等级配祀、第三等级从祀。其中配享的人物共四位，分别为颜回、曾参、孔伋和孟轲；配祀共有十二大儒组成，又称十二哲。从祀由先贤和先儒组成，标志着从祀等级化和等级细致化的趋势日益明显。从祀诸儒在明清两代既有传承又有所不同。先贤经过历代的更换和增减，其中周敦颐、张载、程颐、程颢、邵雍是宋代理学家，由于明代理学盛行，崇祯时期这五位由先儒升为先贤。

清代对于孔庙祭祀沿袭了明代嘉靖祭祀的规制，随着康熙提倡程朱理学，朱子的地位得以明显提升。康熙五十一年（1712年），朱熹被尊为先贤，列位在"十哲"卜子之后，此时"十哲"演变为"十一哲"。雍正时大规模重订从祀诸儒；乾隆时升有若为哲，"十哲"改为"十二哲"；光绪时，阙里祭孔改为大祀。先贤的整体数量也由唐代的67人增加到清代的79人。通过明清奉祀人员的增减变化可以反映出明清不同时代各自不同的价值追求和时代特征。

四、乐舞传承中创新

乐、舞相随的祭祀礼仪形式贯穿于中国古代。阙里祭孔礼仪中，乐舞是必不可少的组成部分，同时也是彰显祀典崇重的基本形式之一。在明清阙里祭孔乐舞中，祭祀乐章、舞蹈均发生了变化，凸显出继承与创新的时代特征。

每个朝代的祭祀乐章都有自己的特点。例如，唐代为"和"，宋代为"安"，金代为"宁"，元代为"安"，明代与唐代一致用"和"，清朝改用"平"。乐章的内容历代统一，均为歌颂孔子功德，旋律也无明显变化。明代祭孔乐章共六章六奏，用于迎神、奠帛、初献、亚终献、彻馔和送神各个礼仪程序。所奏之曲为《咸和》《宁和》《安和》《景和》《咸和》《咸和》。几乎全部选用宋代大晟乐府的未用乐章。清代沿袭明代的礼乐形式，章名"和"变为"平"。迎神演奏《咸平之曲》乐章，初献演奏《宁平之曲》乐章，亚献为《安平之曲》，终献为《景平之曲》，彻馔为《咸平之曲》，送神为《咸平之曲》。乾隆七年（1742年），乐章进行了重新修订，主要更换了乐章名称，修改了歌词。从此，迎神奏《昭平之曲》，奠帛奏《宣平之曲》、初献奏《宣平之曲》，亚献奏《秩平之曲》，终献奏《叙平之曲》，彻撰奏《懿平之曲》，送神奏《德平之曲》。明清祭孔乐章，如表2-2所示。

表2-2　明清祭孔乐章一览表

朝代	乐章类别	程序	曲目	歌辞
明代	洪武六年释奠乐章	迎神	《咸和》	大哉宣圣，道德尊崇。维持王化，斯民是宗。典祀有常，精纯益隆。神其来格，於昭圣容。
		奠帛	《宁和》	自生民来，谁底其盛。惟王神明，度越前圣。粢帛具陈，礼容斯称。黍稷维馨，惟神之听。
		初献	《安和》	大哉圣王，实天生德。作乐以崇，时祀无斁。清酤惟馨，嘉牲孔硕。荐羞神明，庶几昭格。
		亚终献	《景和》	百王宗师，生民物轨。瞻之洋洋，神其宁止。酌彼金罍，惟清且旨。登献惟三，於戏成礼。
		彻馔	《咸和》	牺象在前，豆笾在列。以享以荐，既芬既洁。礼成乐修，人和神悦。祭则受福，率遵无越。
		送神	《咸和》	有严学宫，四方来宗。恪恭祀事，威仪雍雍。歆格惟馨，神驭旋复。明禋斯毕，咸膺百福。
清代	阙里释奠乐章	迎神	《昭平》	大哉孔子，先觉先知。与天地参，万世之师。详征麟绂，韶答金丝。日月既揭，乾坤清夷。
		初献	《宣平》	予怀明德，玉震金声。生民未有，展也大成。俎豆千古，春秋上丁。清酒既载，其香始升。
		亚献	《秩平》	式礼莫愆，升堂再献。响协鼓镛，诚孚罍斝。肃肃雍雍，誉髦斯彦。礼陶乐淑，相观而善。
		终献	《叙平》	自古在昔，先民有作。皮弁祭采，於论斯乐。惟天牖民，惟圣时若。彝伦攸叙，至今木铎。
		彻馔	《懿平》	先师有言，祭则受福。四海黉宫，畴敢不肃。礼成告彻，毋疏毋渎。乐所自生，中原有菽。
		送神	《德平》	凫绎峨峨，洙泗洋洋。景行行止，流泽无疆。聿昭祀事，祀事孔明。化我蒸民，育我胶庠。

作为古代礼仪规格的重要标志，祭祀乐舞传承了古代佾舞的表现方式。佾即乐舞的行列。八佾舞指表演时以队列计，纵横佾皆为八人，共计六十四人；六佾舞是指纵横队列皆为六人，共计三十六人。佾舞具有很强的等级象征意义，表演者的数量象征着被祭祀者的等第。明代阙里祭孔礼仪级别为中祀，基本为六佾舞，成化、弘治年间曾升级为大祀，改为八佾舞。清代在未正式升为大祀之前，采用六佾舞，至清末升级为大祀，与社稷祭祀同一级别，用八佾舞。祭祀乐舞贯穿于祭祀的全过程，每一个舞蹈动作力求笙、镛、羽、籥，有序有伦，以文质彬彬的文德之舞容，合中正宽舒的雅颂乐歌，舞生右手执羽（又称翟）以立容；左手执籥，以立声。左阳，右阴，阴阳呼应。祭祀舞蹈中舞生的每一个姿态表达一个字义，歌者每演唱一句配合乐章一节，舞生便要相应地表演一系列舞姿。嘉靖前的祭孔礼仪当中既有文舞也有武舞，后仅有文舞。清代变成各环节均有舞。由于清代皇帝对儒家祭祀的不断加隆，先后亲至阙里朝拜，祭祀的各个仪程得以不断完善，并完好传承。乐舞展示更是精益求精，宫中指定精通乐舞之人传授、监督礼乐的各个环节，甚至乐舞的服装也一并送到曲阜。这份关注与尊崇进一步推动了阙里祭孔中的礼乐表演的发展。

明清时期的阙里祭孔礼仪表现出传承中不断发展的时代特征。不管是明代对传统祭祀礼仪的变革还是清代的不断加隆，其礼仪制度在不同朝代的发展中既有相互关联性又有独具特色的创新性。共同深刻的时代背景和社会原因，呈现出不同时期的价值观和社会诉求。

第五节　本章小结

本章根据明清山东礼仪文化变迁的特征，按照婚、丧、葬、祭不同的礼仪种类进行研究，得出结论如下：

（1）明清时期，山东各地的婚礼以程朱理学为依据，依礼、依俗而行。明初逐步摆脱元代统治时日渐荒废的礼仪规制，在去蒙古化的过程中逐步复兴传统华夏婚嫁礼仪。崇尚以地域婚姻为条件的门当户对，大户人家讲求世代婚姻。明中期至清中期，在商业化与世俗化的影响下，山东地域的婚礼秩序遭到破坏，呈现出由质朴向奢华、由守制向僭越的转变。婚嫁论财，奢嫁蔓延，婚姻中门第观念被金钱观念冲击，不同社会阶层之间通婚的壁垒打破。清末，尽管旧的婚嫁礼仪依旧根深蒂固，但是新的礼仪形式和观念已经在沿海地区及进步人士中萌芽，表现为婚姻追求自由恋爱、婚礼删繁就简、不计财礼。

（2）山东地域的丧葬礼仪，明初完整的保留传统的同时仪式程序日益繁复，在儒家孝道的影响下，无论士绅还是庶民更加着力展现孝的精神，斩衰时为父母同孝，官员恢复丁忧守制，恪守传统礼仪。明中期至清中期，山东经济走出了元朝衰落的困境。随着各地商品经济的快速发展，城乡贸易逐渐活跃，民众生活愈发斑斓多姿。丧葬礼仪，奢华相向，同时佛道礼俗渗透，停丧不葬频现，葬礼做佛事已非超度之用，而成为展示经济实力的表现。这种僭越与攀比借助丧葬礼仪变成了社会阶层追逐的场域。清末，儒家思想对丧葬礼仪的约束力度也日趋弱化，礼的成分明显减少，礼仪呈现出新旧并存的特征。娱乐性更加凸显。

（3）明清时期的山东阙里祭孔已发展成为仪式完整且高度程式化的礼仪。其规模达到了历史顶峰，成为国之重典。本书所研究的阙里祭孔包括仪式等级、从祀制度、礼乐三个方面。明代阙里祭孔，每年春秋两次祭祀，以中祀为主。清代阙里祭孔在传承前朝的基础上礼仪更加严谨，祭祀规模更加宏大，等级日益加隆。明代初期阙里祭孔礼仪级别为中祀，采用六佾舞，明代中期至清代中期，升级为大祀，改为八佾舞。清末祭孔规格由中祀改为大祀。从祀制度日趋完善，理学在明代日盛，促使宋代理学家由先儒提升尊崇至先贤。先贤先儒随着时代的发展有所增加。重订从祀诸儒，先贤的整体数量增至79人。祭祀乐舞方面，明代乐章以"和"定名，采用六章六奏，清代沿袭明代乐章六章六奏的模式，章名将"和"改成"平"，期望天下太平。

第三章

明清山东礼仪服饰类型与搭配

尊卑有序 又有 多元一体

明清山东礼仪服饰既有传统儒家

礼文化中"毋其爵不敢服其服"的

着装特征与搭配方式，呈现出

礼仪服饰所蕴含的对儒家思想

的延续，对礼的尊崇。

渗透着明清时期山东人的道德

风尚和民风习俗。

明清山东礼仪服饰承载着山东地域深厚而悠久的历史文化，渗透着山东人的情感、习俗、道德风尚和审美情趣，体现出山东社会独特的地域特点及礼俗特征。元明易代之后，朱元璋重新易回华夏之服的传统，恢复汉族服饰形制及礼仪制度，从多方面完善衣冠服饰文化体系。随着明代运河山东段的开通，山东经济得到快速发展，新兴的织造与手工装饰技术达到空前的水平，山东礼仪服饰形成了自己独特的风格。清政府统治导致了中国一次深刻的服饰变革。"男从女不从"的着装政策下，汉族女性礼仪服饰仍从旧制，延续着原有的穿着方式。男子礼仪服饰受满族服饰风格的影响，发生了明显变化。清代山东礼仪服饰既有传统儒家礼文化中"毋其爵不敢服其服"的尊卑有序之制又在满汉交融过程中，形成了多元一体的格局特征。

第一节　明清山东礼仪服饰划分依据
及服饰类型

中国古代，礼文化融汇在各个阶层，故而有"礼仪三百，威仪三千"之说。《周礼》中将礼分为吉礼、凶礼、军礼、宾礼和嘉礼，又称五礼。五礼的划分被世人广泛认可，并以此作为礼仪划分的依据。其中，吉礼是祭祀之礼。《礼记·祭统》曰："礼有五经，莫重于祭。"吉礼所祭奠的可以是天、地、鬼、神。从物质世界的名山大川到精神世界抑或祖先均可祭奠。明清时期的山东民间，相比以家庭为单位的祭祀礼仪，祭祀孔子是极为盛大的礼仪活动。祭孔礼仪服饰有着特殊的服制规范，从色彩到图案均要体现礼仪文化的内涵。凶礼是救患分灾的礼仪，包括丧、荒、吊、襘、恤等礼仪。其中荒礼、吊礼、襘礼、恤礼则是历代政府救荒赈灾的礼仪，民间少有此礼。

丧吊、殡葬是民间常见的礼仪，寄托着对逝者的哀思，成为体现孝道的重要礼仪。丧服依据与死者的血缘关系划分远近亲疏，所涉及的人员较多，也是相对庞杂的礼仪服饰。军礼与征战有关，是一项特殊的礼仪，不属于民间百姓的礼仪活动，所涉及服装与民间百姓是完全不同的体系。宾礼强调的是行为之礼。由朝礼、藩王来朝礼等组成，包括宗法社会中，君臣联络情感而按期举行的礼节性访谒；士与士之间，人际交往的礼仪以及藩王觐见的礼仪。

嘉礼是民间涉及面最广的礼仪，素有"亲万民"之说。它是婚礼、冠礼、宾射、燕飨、贺庆之礼的总称。本书以《周礼》为依据，根据明清山东百姓普遍践行且又富有地域代表性的礼仪，将婚礼、丧葬礼仪和祭祀礼仪作为研究目标，并以所穿着的服饰作为研究对象。在对礼仪进行甄选的过程中，受篇幅所限重点论述了吉礼中祭祀祖先的礼仪，没有论述天子祭祀的诸多礼仪。详细论述了凶礼中的丧葬礼仪，对于政府赈灾的各项礼仪未作论述；细述了嘉礼中最具代表性的婚礼服饰，省略了在明清已日渐荒废的冠礼及服饰特点不具代表性的其他礼仪。书中将所涉及的每一类礼仪服饰根据性别划分为男性及女性服饰，同时根据着装部位不同分为首服、主服和足服进行阐述。本书立足实物分析与实地调查，以山东省博物馆、孔子博物馆、江南大学汉族民间服饰传习馆、私人收藏家等处的收藏品作为参考。据不完全统计，涉及明清山东婚礼服饰、丧葬服饰和祭服的相关服饰藏品共计95件；其中袄、褂、衫、袍等54件。同时在资料及数据收集中，以明代（1368～1644年）、清代（1636～1912年）作为时间范围，主要依据古籍史料、地方志中的文字描述，结合孔子博物馆的实物资料、小说进行比对。涉及文献资料100余篇，收集实物图片、史料图片100余张。明代山东礼仪服饰由于历史久远，所存服装甚少，目前只有山东曲阜孔府的传世礼服数目较多且保存较好，是现今研究明代服饰重要的实物资料。但是此类实物资料仅为明代山东贵族所穿着，庶民礼仪服饰几乎没有，根据实物情况本书所研究的内容主要针对明代山东贵族，涉及庶民的礼仪服饰仅根据明代山东地方志结合明代舆服制进行阐述，因此内容相对较少。清代山东礼仪服饰涵盖品官、庶民，囊括了男性、女性在不同礼仪所穿的服饰，相对明代更加详细。

第二节　明代山东婚服特征

婚服是在婚礼时所穿着的服装。明代山东婚服在传承唐宋传统服饰的同时又有鲜明的时代特征。根据《明会典》、山东博物馆、青州博物馆、青岛博物馆、明代山东各地地方志的实物及文献记载可知，明代山东女性婚服的装扮为头戴凤冠，上衣着大红通袖袍，通袖袍外搭配霞帔，下穿马面裙及凤尾裙，足蹬弓鞋。男子着圆领袍，搭配官帽。这一婚服搭配一直影响着清代及民国初期，其仪态之端庄、气度之宏美，是我国古代婚服之典范。

一、明代山东女子婚服特征与搭配方式

明代山东女性婚服首服为凤冠或鬏髻头面。通常品官婚娶时新娘佩戴凤冠，缀珠翟等饰物。庶民女性则佩戴鬏髻头面。

（一）明代山东女子婚服首服——凤冠、鬏髻头面

凤冠原是皇后大婚之时的首服，冠上饰以不同数量的龙凤，取意"龙凤呈祥"。冠饰运用了花丝、镶嵌、錾雕、点翠、穿系等工艺，另有大量的大小珠花及珠宝串饰。如图3-1、图3-2所示。依次为《明会典》所载皇后九龙四凤冠及定陵出土明代孝靖皇后凤冠。

由于明代"摄盛"制度，准许庶民婚礼可穿用九品官相应等级的装扮。成书于明代的《金瓶梅》，作为反映明代山东市井人物和世俗风情的著作，

书中用写实的笔法对于临清一带的民风、民俗和男女服饰做了详尽的描写和展示。其中对于女性结婚时佩戴凤冠多有提及，"春梅打扮珠翠凤冠，穿通袖大红袍儿，束金镶碧玉带，坐四人大轿，鼓乐灯笼，娶葛家女子，奠雁过门"。可见，凤冠在山东民间婚娶时的使用已十分普遍，但凤冠用"珠翠"取代了"凤"，更应称其为翠冠。本书以山东博物馆藏明代第六十七代衍圣公原配张夫人画像为依据，参照张夫人所佩戴的翟冠进行研究（图3-3）。明代衍圣公作为孔子后裔，颇受恩宠，位列一品文官，其夫人按照明代妇随夫阶的服饰原则，婚娶时的装扮为一品诰命夫人。其所佩戴的凤冠在造型和设计上精美繁复（图3-4）。以竹丝为骨，编成圆框造型，凤纹环冠而饰，珠翠数从其品级。饰有珍珠、牡丹、翠云、翠牡丹叶等辅助装饰。冠的左右各插一支金翟，嘴里含珍珠挑牌。冠底用金口圈，饰金宝钿花或翠云、珠花，两侧插嵌宝金簪一对，以固定翟冠。凤冠上的翟、翠凤口衔珠宝串饰，珠光宝气，交相辉映，极其繁缛富丽的奢华之美。两耳戴金镶珠宝坠子。

凤冠上的饰物特别强调随品级而分，如表3-1所示。据《明会典》记

▲ 图3-1　明代凤冠

▲ 图3-2　孝靖皇后凤冠（定陵博物馆藏）

▲ 图3-3　衍圣公夫人着翟冠肖像
（孔府旧藏）

▲ 图3-4　翟冠结构示意图

表3-1　明代命妇凤冠制式要求（洪武二十六年定）　单位：件

命妇品级	一品	二品	三品	四品	五品	六品	七品	八品	九品
珠翟	5	4	4	4	3	3	2	2	2
珠牡丹开头	2	2	2	2	2	2			
珠半开	3	4	4	4	5	5	6	6	6
翠云	24	24	24	24	24	24	24	24	24
翠牡丹叶	18	18	18	18	18	18			
翠月桂叶							18	18	18
金翟	2	2	2	2					
抹金银翟					2	2	2	2	2

载："一品冠，珠翟五个，珠牡丹开头二个，珠半开三个，翠云二十四片，
翠牡丹叶一十八片，翠口圈一副上带金宝钿花八个，金翟二个口衔珠结二

个。二品至四品冠，用珠翠四个，珠牡丹开头二个，珠半开四个，翠云二十四片，翠牡丹叶一十八片，翠口圈一副上带金宝钿花八个，金翠二个口衔珠结二个。五品至六品冠，珠翠三个，珠牡丹开头二个，珠半开五个，翠云二十四片，翠牡丹叶一十八片，翠口圈一副上带抹金银宝钿花八个，抹金银翠二个口衔珠结子二个。七品至九品冠，珠翠二个，珠月桂开头二个，珠半开六个，翠云二十四片，翠月桂叶一十八片，翠口圈一副上带抹金银宝钿花八个，抹金银翠二个口衔珠结子二个。"凤冠是山东女性婚礼时的标志性首服，象征着华贵与喜庆。百姓婚礼所佩戴的凤冠虽然外形与皇后所戴相似，但奢华程度却相去甚远。尽管如此，它依然深受百姓喜爱。大婚的日子，新郎、新娘穿戴上"九品官服"、凤冠霞帔，这份富贵、雍容成为百姓终生难忘的美好记忆。

鬏髻头面是明代山东女子结婚除佩戴凤冠之外的另一选择。同时，明代山东除诰命夫人外，品官妾氏用华丽的金鬏髻加一对金凤簪作为礼服首饰也很常见。鬏髻与珠结凤簪的组合在明代画像中常常出现。

明无名氏《山坡羊》曰："熬这顶鬏髻如同熬纱帽，想这纸婚书如同想官诰。"鬏髻也叫金冠，起源于两宋时期，是一种头部装饰。经过宋代及元代的演变发展至明代成为鬏髻。它是女性用来罩发髻的网帽。多以细丝编作，上尖下阔，形状如山丘，里外又可以衬帛，覆纱。用时束发于顶，外面用鬏髻笼罩固定。制作鬏髻的材质多为金丝或银丝，因材质不同而分出贵贱等级，如图3-5所示。围绕着鬏髻还要插上各种簪钗，如钿、分心、挑心、满冠、掩鬓等。这些首饰有着基本固定的佩戴位置，是以鬏髻为中心的完整头饰并且每一件都有特定的名称，如图3-6所示。

《云间据目抄》曾提到："妇人头髻……顶用宝花，谓之'挑心'，两边用'捧髻（鬓）'，后用'满冠'倒插。"鬏髻正面的上方插一支大簪，

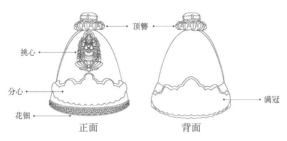

▲ 图3-5　明代金丝鬏髻　　▲ 图3-6　鬏髻头面结构图
　　（浙江博物馆藏）

名挑心。挑心大都将簪首做成镶宝嵌玉的一朵或一组花，簪脚垂直向下插入
髻顶，或将簪脚上部弯曲后固定在鬏髻侧边，使簪首仍处于髻顶中心位置，
鬏髻顶部有顶簪。当扣稳鬏髻、绾住下檐、簪上挑心之后，还应自髻顶向下
直插一枚顶簪，也叫关顶簪，而在鬏髻背面底部插满冠。鬏髻两侧分别佩戴
一支金簪，口含挑牌。钿儿戴在鬏髻正面底部；花顶簪戴在鬏髻两侧，如
图3-7、图3-8所示。《醒世姻缘传》中对山东民间婚礼有着原汁原味的生
动描述，展示出明代山东社会真实而详尽的婚娶风貌。例如"替小玉张了一
顶鬏髻，与了他几件金银首饰，四根金头银脚簪，环坠戒指之类"。《金瓶
梅》第九十一回，李衙内迎娶孟玉楼时写道："玉楼戴着金冠儿，插着满头
珠翠、胡珠子、身穿大红通袖袍儿……"。同时，明宪宗元宵行乐图中也可
以看到宫妃戴着鬏髻，穿着宽松的裙子，整个人呈塔形。

（二）明代山东女子婚服主服——大红通袖袍、马面裙、月华裙

　　明代山东女性婚服中主服多为上衣下裙的搭配方式。上衣通常是大红通
袖袍，搭配霞帔。下衣多为马面裙或月华裙。由于袍子较长，遮住裙子，只
露出裙边。所以上衣与裙子的比例关系明显倒置。视觉上拉长了身体比例，
显得端庄、优雅。

　　大红通袖袍是明代山东女性婚嫁的主服之一。孔府旧藏的大红四兽通袖

▲ 图3-7　鬏髻头面正面、背面图

▲ 图3-8　明吴氏先祖容像

袍为衍圣公夫人婚娶时所穿，其形制、色彩和装饰纹样均具有明代山东婚服的典型特征，如图3-9所示。

明中后期开始出现僭越礼制现象。明代通袖袍的具体纹饰并无规定，如双翟、鸾凤、麒麟、蟒纹等均有出现，纹样不拘于制度，视财力而为。

马面裙在明代山东婚服女裙中最具代表性。结合马面裙实物的分析来看，裙子由两张裙片经过相互叠合，围系于腰部，如图3-10、图3-11所示。月华裙是用多个裙片制成，每幅色彩各异，却都为清浅的色彩，经过缝制，缀于腰头下方，褶裥均匀色彩丰富而典雅，微风吹过，裙裾飘拂，令人耳

▲ 图3-9 四兽红罗通袖袍（山东博物馆藏）

▲ 图3-10 明代马面裙（一）
（山东博物馆藏）

▲ 图3-11 明代马面裙（二）
（山东博物馆藏）

目一新，有着较高的审美价值。

明代山东女子婚礼时，常在袍服外面搭配霞帔。孔府旧藏明代衍圣公夫人画像中可以看到陈夫人身着霞帔，如图3-12所示。对照《明会典》中对霞帔的记载："霞帔二条，各长五尺七寸，阔三寸二分，绣禽七，随品级用，前四、后三各绣。临末左右取尖长二寸七分。前后分垂，横缀青罗襻子，牵联并之。前垂三尺三寸五分，尖缀坠子一，后垂二尺三寸五分，临末插兜子

▲ 图3-12 明代霞帔（孔府旧藏七十一代衍圣公陈夫人画像）

内藏之。"结合孔府旧藏七十一代衍圣公陈夫人画像中所穿霞帔可以看出，明代霞帔的形制、图案均体现出对称与均衡，符合形式美法则。其形制为左右对称的两条细窄的带子，搭在肩部，身前两片下端相互缝合并挂有坠子。后身两片相互分开呈自然悬垂状。为防止霞帔滑落，袍服与霞帔之间用扣襻系合固定。洪武五年对不同品级命妇所用霞帔纹饰进行了具体要求，即一、二品云霞翟纹；三、四品云霞孔雀纹；五品云霞鸳鸯纹；六、七品云霞练鹊纹；八、九品缠校花纹。

（三）明代山东女子婚服足服——弓鞋

明代山东女子与其他地域女子一样，婚娶时的足服为弓鞋。女子在4～8

岁开始裹足，精致的小脚可以与一份奢华的妆奁等量齐观。男子甚至把女子的纤足看得比容貌、身材更加重要，弓鞋成为女鞋的主流。据考证，女子缠足始于五代南唐李后主，自此开创了中国历史上妇女缠足的先例。以后宫内到民间纷纷效仿，且以缠足为美。纤小的弓鞋便在这种社会风气下产生。后蜀毛熙震《浣溪沙》："碧玉冠轻袅燕钗，捧心无语步香阶，缓移弓底绣罗鞋。"描绘了缠足女子穿着弓鞋的形象。唐寅的《四美人图》中女性均着弓鞋。明代山东女子结婚时所穿的弓鞋以漂白布沿条，前部合缝对缉，鞋面用丝绸或棉，颜色为红色。

婚鞋中的图案均为吉祥图案，如蝶恋花、鱼穿莲、龙戏凤、梅枝、桃花等。鞋底中间绣如意或狮子滚绣球，富有强烈的山东地域风格。山东各地多采用裁剪纸样然后再绣的方式装饰鞋面。为了看上去更加挺阔有型，往往里与面之间附上硬衬。结婚当天山东女性在婚鞋外面还会套一双纸质的黄道鞋。因为办喜事的人家要选择吉日，黄道鞋以黄布折成三角，选择有儿子和女儿的全福之人，在深夜坐在炕上面向里，不准主人看、不用针线糨糊，不下炕，不回头，花费数分钟叠成，在上轿时套于鞋外，下轿后回到新房自己悄悄取下，放于怀中，不让新郎看见。

二、明代山东男子婚服特征与搭配方式

明代山东男子婚娶时遵循礼制规定，头戴乌纱帽或儒巾，身穿圆领通袖袍，内搭中单，足蹬皂靴。依据明史记载："品官纳妇需着公服。"明代山东品官婚娶时根据自己的官职等级来穿着。同时，明初关于士庶婚服规定："庶人婚，许假九品服。"由于明代这一借服的传统，没有品级的庶民婚礼时也可穿着九品官服。

（一）明代山东男子婚服首服——乌纱帽、儒巾

明代山东男子婚礼的首服多为乌纱帽或儒巾。乌纱帽不仅是明代典型的

官员冠服之一，也是明代山东男子婚娶时的首服。婚礼佩戴时需在乌纱帽的左右两侧各插一朵金花，称"簪花"。山东博物馆藏明代平翅乌纱帽，与明代婚娶时所戴一致，如图3-13所示。乌纱帽高20.9cm，口径19.7cm；前低后高；前边扣于头部，较低；后部偏高，由于中间是空的可以罩住发髻。儒家礼文化根植于山东人心中，人们深感"身体发肤，受之父母，不敢毁伤"，因此无论男女均蓄发。帽子的造型不仅适合明代男子束发于顶的习惯，同时还具有一定美感。乌纱帽从外向内共分六层。帽体最外层为第一层，裱覆黑纱；第二层为经纬竹篾织物；第三层、第四层为斜纹织物；第五层为纬藤篾织物；第六层在帽口内侧，衬皮革。

儒巾是明代山东男子婚礼时除佩戴乌纱帽之外的另一选择。儒巾在明代又称"四方平定巾"，是一种方形软帽。儒巾后部装饰有带子两条，可以拆卸。山东博物馆藏钱复《邢玠像图卷》，如图3-14所示，兵部尚书邢玠（明代山东益都人）所戴的便是儒巾，身穿过肩蟒袍，衣式宽而长。毕自严自题画像轴中也出现了儒巾，如图3-15所示。

▲ 图3-13　明代乌纱帽（山东博物馆藏）

▲ 图3-14 《邢玠像图卷》
（山东博物馆藏）

▲ 图3-15 毕自严自题画像轴
（山东博物馆藏）

黄一正《事物绀珠》云："儒巾，国朝仿幞头制，设垂带，生儒服。"吕坤也说："而今儒巾，倒过来看隐然是一民字，其两飘带则头角未至峥嵘、羽翼未至展布，欲其柔顺下垂，不敢凌傲之意云。"儒巾由最初的大小适中发展至明末高大笨拙，仿佛一个书橱顶在头上。

（二）明代山东男子婚服主服——圆领通袖袍、中单

圆领通袖袍在明代不仅作为公服使用，同时也是民间的婚服。明代山东婚礼中新郎穿大红色圆领通袖袍，肩部斜披红色锦缎一幅，俗称"披红"。这一现象在《醒世姻缘传》第七十六回记载："转眼到了吉期，狄希陈公服乘马，簪花披红。"圆领通袖袍定制于洪武元年（公元1368年），《大明令》："衣服窄宽以身为度。文职官衣长自领至裔，去地一寸，袖长过手复回至肘。袖广一尺，袖口九寸，公侯驸马与文职官同。武职官衣长去地五寸，袖长过手七寸，袖广一尺，袖口仅出拳，武官弓袋窄袖。"洪武二十六年进一步细化："盘领右衽袍，用纻丝或纱罗绢，袖宽三尺。一品至四品，绯袍；五品至七品，青袍；八品九品，绿袍；未入流杂职官，袍、带与八品以下同。公服花样，一品大独科花，径五寸；二品，小独科花，径三寸；三品，散答花，无枝叶，径二寸；四品、五品，小杂花纹，径一寸五分；六品、七品，小杂花，径一寸；八品以下无纹。"一至九品官公服对比如表3-2所示。

表3-2 一至九品官公服对比

品级	服色	袍衫纹样	腰带饰
一品	绯袍	大朵花，径五寸	花玉、素玉
二品	绯袍	小朵花，径三寸	犀
三品	绯袍	散花无枝叶，径二寸	金荔枝
四品	绯袍	小朵花，径一寸五	金荔枝
五品	青袍	小朵花，径一寸五	乌角
六七品	青袍	小朵花，径一寸	乌角
八九品	绿袍	无纹饰	乌角

　　山东省博物馆收藏的仙鹤补服形制与婚服一致，如图3-16所示。从款式来看也符合明制要求，其盘领、右衽、大襟，左右有摆，左侧摆接到大襟，右侧摆接前小襟，面料为暗花如意云纹。前胸后背缀有方形云鹤补。青州博物馆藏毕自严画像轴中可以看到毕自严头戴乌纱帽，身着红色补服，补子纹样为文官一品仙鹤，如图3-17所示。六十二代衍圣公孔闻韶衣冠像中头戴乌纱帽，身穿圆领绯袍，如图3-18所示。此一系列画像中人物着装均与史书中所载一致，故将此作为品官婚服。

　　中单是穿在婚服内的衬衣，如图3-19所示。它是由素纱或罗制成的右衽大衫。领、袖、襟等衣缘处附以深色缘。另外，李雨来先生收藏的还有灰色素缎裙式袍服及提花纹裙式袍服，这类袍服均属于中单，身长均在120cm左右，是穿在袍服里面的衣服。

▲ 图3-16　明一品暗红仙鹤补服（孔子博物馆藏）

▲ 图3-17　毕自严画像轴

▲ 图3-18　六十二代衍圣公孔闻韶衣冠像

▲ 图3-19　白罗中单（山东博物馆藏）

（三）明代山东男子婚服足服——皂靴

明代山东婚服中男子足服为皂靴，其样式是高帮、薄底、短筒，如图3-20所示。《玉娇梨》第二十回写道："到了临娶这日，苏御史大开喜筵。两顶花轿，花灯夹道，鼓乐频吹，苏友白骑了一匹高头骏马，乌纱帽、皂朝靴、大红圆领。"

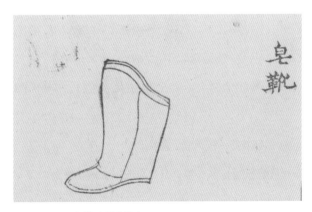

▲ 图3-20　皂靴（明集礼）

第三节　清代山东婚服特征

清代不仅是少数民族建立的王朝，而且是由传统走向近代的特殊历史阶段。清代共历十二帝二百九十六年，由建立、强盛到衰落，从入关时两次颁布剃发易服令，强制更改汉人服饰，到最终对男服管制严格，满汉女子服饰保持了各自民族的风俗。满汉文化的相互交融潜移默化地体现在山东礼仪服饰当中。

一、清代山东女子婚服特征与搭配方式

清代山东属于满汉文化的交融相对薄弱的地区，婚服保持着汉民族传统的上衣下裳搭配方式，上穿衫、袄，下着裙或裤。胸前挂铜镜，又名"护心镜"，意在驱邪。两手各攥一枚银元，称为"压手钱"。清代山东地方志对女性婚娶的着装及婚俗有着翔实的记载，《青州志》："新郎头戴礼帽，身穿长袍，披红戴花，坐在官轿内。新娘身穿蟒袍玉带、凤冠霞帔，头上蒙红蒙头幅子，用两块红布分别包起小脚，由本家兄弟连人带椅抬到轿前，面朝喜神方位入轿。"《古今图书集成》记载登州府婚俗："新郎披红插花，骑马。新娘无论春夏秋冬，一律穿红袄、红裤、红绣鞋，头戴红盖头。讲究'厚实'，食后世之福。"从地方史志记载可知，清代山东女性婚服上衣为红色或石青色女褂或袄，下裳为红色马面裙、凤尾裙或者红裤。头戴红盖头，足蹬绣花鞋。

（一）清代山东女子婚服首服——凤冠、盖头

凤冠是清代山东女性婚服的首服。不论官员与庶民，婚礼时均以凤冠霞帔为正妻。清代山东传统凤冠的尺寸普遍比较大，可以自由调节，收缩自如，佩戴方便。以花丝点翠成型，既有丰富的层次又空透灵动，如图3–21、

▲ 图3-21　清代山东凤冠（王金华先生收藏）

图3-22所示。凤冠前额处多配有五只、七只或九只雏凤，凤凰尾巴向上，头向下，口中含有一变三的鎏金点翠流苏。流苏以多彩的丝线等柔软材料制成，起到装饰的作用。七十五代衍圣公原配黄夫人是经皇帝加封的一品诰命夫人，其画像中头戴凤冠，如图3-23所示。内胎是镂金丝，外饰中间上方是一只大凤凰双展翅，周围满饰小凤凰，满垂珍珠穗。凤凰用金丝点翠制成，远看金碧辉煌，珍珠放光，帽口用珐琅彩制成。身穿蟒袍，外套霞帔，满饰平金绣五彩凤凰，周围垂五彩丝穗，穿插白珍珠串。下穿绿绸百褶彩裙，满绣平金五彩凤凰戏牡丹，金龙镶边。外罩彩色云肩。双耳戴金索垂穗耳坠。

　　清代凤冠中最常用的工艺便是点翠。点翠是一种使用翠鸟羽毛进行装饰的传统工艺。由于鸟羽有独特自然的纹理和幽然光亮的色泽，为饰品增添了生动活泼、富于变化的观赏感。明代中后期墓葬出土的点翠凤冠不乏其例。清代山东不论家族大小、门第高低、条件优劣，都会根据自家的经济条件置办价格可以接受的点翠凤冠。

▲ 图3-22　清代山东银点翠花卉冠（王金华先生收藏）

▲ 图3-23　七十五代衍圣公黄夫人肖像

盖头，也叫蒙头红，是新娘出嫁时盖在头上的红布，如图3-24所示。据马之骕在其著述《中国的婚俗》中的考证，婚礼遮面的用料和遮面方式，因时代不同而呈现出很大的变异性，但不外巾、冠、扇三种。清代山东婚礼时新娘常用盖头遮挡面部。待入洞房时由新郎亲手为其取下。盖头为正方形，披盖在头上，前后左右呈三角状垂至颈部或胸部。山东滕州俗语："蒙脸红子挑三挑，今年有个妮，明年有个小（指小男孩）。"可见，盖头不仅是清代山东婚礼时的必备之物，由此而来的挑盖头也是山东婚俗中十分有地方特色的婚庆环节。

▲ 图3-24　红盖头（江南大学传习馆收藏）

（二）清代山东女子婚服主服——衫、袄、凤尾裙、裤

　　清代山东春夏季节女性婚娶时穿着衫，面料选用单层，较轻薄。本书以山东民艺博物馆收藏的清代山东婚服——红色大襟大袖衫为研究对象，如图3-25所示。

▲ 图3-25　红绸大襟大袖衫（山东民艺博物馆藏）

　　衫的形制为立领、大襟、领上有一粒鎏金铜扣。右大襟饰有两粒鎏金铜扣、腋下收身，袖身与侧缝的夹角接近直角，袖长至手腕，左右开裾。婚服采用刺绣工艺，工艺精湛。在刺绣造型上追求写实，色彩使用强对比，是婚服刺绣中的上等品。

　　袄在清代山东女性婚服中占有很大的比重，由于中间加棉，较为厚实，因此多为秋冬婚娶时穿着。如图3-26所示为清末山东地区典型的绣花袄。

　　婚娶穿着袄的实例在清代山东地方志、小说及孔府轶事中多有记载。如沈效敏主编的《圣人家事》对孔繁灏续娶毕沅的孙女毕氏为妻时，记载："道光十五年（1835年）正月十六，孔繁灏结婚的日子。穿着绣袄红裙，头盖红帕的新娘，在响声不绝、硝烟弥漫中出了花轿，由喜娘搀扶着缓缓由大门口步入前上房。"《鱼台县志》记载："新娘冠戴（把辫子梳成髻，身穿

▲ 图3-26　云纹红绸袄（山东博物馆藏）

大红棉袄、大红棉裤、头顶蒙头红）后，双手攥一块银元（称为压手钱），然后再上轿船。"可见，清代山东无论在圣人府邸还是百姓之家，婚娶时新娘身穿红色袄已十分普遍。

　　凤尾裙在清代山东女性婚服中通常搭配在马面裙之外穿着，本书以江南大学传习馆收藏的凤尾裙为例，如图3-27所示。凤尾裙因其华美的外形和装饰使人联想到凤尾而得名。它由多条色彩艳丽的裙带并排缀于裙腰，裙带上面绣有吉祥图案，其绣工与色彩搭配带有浓郁的山东特色，寄托着对生活美好的希冀。每一条裙带均饰有黑色缘，下端呈宝剑头状饰有如意云头，缀有金色铃铛。凤尾裙在行走过程中会随着肢体动作摆动，十分灵动、婀娜。

　　裤也是清代山东地区婚服中下装的一个重要选择。多为大裆、腰头较宽的裤子。婚礼时新娘穿着红色的裤子，配合红色上衣，充分展现出清代山东对红色的尊崇，整体装扮十分喜庆。在清代以前裤子基本是不能够穿在外

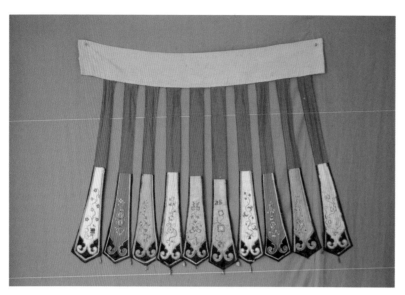

▲ 图3-27　凤尾裙（江南大学传习馆藏）

面的，上层社会把裤子作为内衣穿用，庶民百姓在非正式场合的日常穿用。清代山东的裤子与明代相比，裆部已窄了很多。裤脚通常宽一尺左右。裤子多采用上腰的处理方式，腰头与裤腿色彩不同且呈合围式，不开口。穿着时需要在腹部折叠并通过腰带进行固定。裤口多用黑色裤边装饰，绣有各种花卉图案。如图3-28所示为江南大学传习馆收藏的清代暗花竹纹粉绸女裤。

云肩是清代山东婚服必备的饰品，由帔子发展而来。它起源于秦汉、魏晋时期，它围绕穿着者颈部，佩戴在肩上。到了唐代，多是舞伎穿用，由于形似卷云且面料厚重，佩戴时肩部翘起。元代随着政权由蒙古族统治，云肩在文化交融中得到广泛推广和使用，随着时世的变迁其名称由披肩改名为云肩。《元史·舆服志》载"云肩，制如四垂云，青缘，黄罗五色，嵌金为之"。明清时期，云肩逐渐成为山东女子重大礼仪活动中的服饰品。通过对

▲ 图3-28 清代山东暗花竹纹粉绸女裤（江南大学传习馆藏）

江南大学民间服饰传习馆收藏的传世云肩服饰品的分析，发现清代山东云肩以"四垂云"为主，即标准的四合如意式，如图3-29所示。云肩的前后左右由造型相同的四张绣片组成，每一张绣片均为如意云纹，因此得名四合如意云肩，寓意吉祥。层数一般以一层或四层为主，且有连缀的结构形式。虽形制传统但内部结构异常精细，刺绣和色彩讲究。云肩色彩整体统一，以红色、黑色居多，突出主体色调，刺绣再施加多彩点缀，进一步丰富主体。或是多种色彩放置在一起，以其中一个或两个颜色作为主色调，通过色彩的对比强调视觉冲击力，特别是运用红绿对比的手法，力求营造主体鲜艳、醒目的视觉效果。辅色多见蓝色、黑色、金属色等，对云肩绣片边缘进行包边处理。

霞帔是清代山东婚服中重要的服饰品。山东博物馆藏清代赭红缎云蟒补

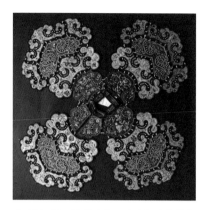

▲ 图3-29　清代山东云肩（江南大学传习馆藏）

霞帔，如图3-30所示。霞帔为圆领、对襟，前胸后背缀有云蟒方形补子，补子内绣有彩云、江崖及正金蟒，底襟绣有海水江崖、寿石、菊花及蟒纹。霞帔身长107cm，腰宽61cm，肩宽44cm。

　　私人收藏家李雨来先生收藏的清代红色妆花缎三品孔雀补霞帔，如图3-31所示，属于清代婚礼时新娘穿着服饰。此霞帔为圆领、对襟、无袖，绣云龙纹镶片金边的长坎肩，身长约108cm，下摆宽约69cm。前衣片两条行龙，后面一条正龙，胸前和背后饰有补子，霞帔下端绣有海水江崖、如意及立水等纹样，其中混杂着荷花、祥云、蝙蝠等吉祥纹样。下摆处配有彩色流苏。

　　清代霞帔在形制、质地、纹样等方面与明代霞帔存在许多差异。清代帔身更加宽阔，增加了衣领和后片。整件霞帔前衣片与后衣片两侧不缝合，用布条或纽扣系好，前面两衣片搭在袍子上面，下端呈三角形，并缀有彩色流苏，使本来华丽的服装更加华贵。后衣片是完整的一片式。在霞帔的胸前、后背分别缀有补子。据《清稗类钞》记载："女补服，品官之补服，文武命妇受封者亦得用之，各从其夫或子之品，以分等级，惟武官之母妻亦用

▲ 图3-30 清代霞帔（山东博物馆藏）

▲ 图3-31 红色妆花缎三品孔雀补霞帔（李雨来先生藏）

鸟，意谓巾帼不必尚武也。"清代的霞帔融合了满汉文化，而在彰显等级上主要通过补子来完成。品官婚娶时，新娘霞帔上的补子纹样要依其夫的品级而定，体现出封建社会男尊女卑的思想。补子为方形，但比品官补子略小一些，长宽大约在24~28cm。早期的霞帔款型细长，从肩部到下摆呈直线型，晚期变短下摆相对宽，袖隆部分轮廓明显。

（三）清代山东女子婚服足服——弓鞋

清代山东，金莲仍是男性选择妻子的重要衡量标准，与金莲相配的弓鞋是婚鞋的重要代表。小巧的金莲成为衡量女性美的标尺。如果女性有一双大脚则会"母以为耻，夫以为辱"，形成了"牌坊要大，金莲要小"的畸形审美观念，直至民国才得以消退。本书选取孟府收藏的三双清代彩绣弓鞋为例进行分析，如图3-32所示。

孟府收藏的三双清代彩绣弓鞋鞋面色彩鲜艳，鞋体小巧，从上翘的鞋尖到鞋后跟处长度不足四寸，为典型的"三寸金莲"。其刺绣工艺精湛、针法多样。如图3-32（a）所示，此鞋高11.5cm，长17.5cm，底长12.9cm，红色缎面、粉色绸里，鞋帮由两片合拢；鞋头纤瘦，鞋面绣有蝴蝶花草，鞋口镶蓝缎，蓝缎下镶白色缎，上用绿、蓝绣线绣蝴蝶等图案；后跟用黑色线绣如意图案，底包白缎。如图3-32（b）所示，此鞋高9cm，长16.8cm，底长11.5cm，红缎面、粉绸里，鞋面绣花卉纹样，鞋口镶蓝缎，蓝缎下镶绿缎，上用粉、白、蓝色线绣蝴蝶花卉图案，后系鞋带，底包白绢。如图3-32（c）所示，此鞋高11.4cm，长17cm，底长13cm，红缎面、粉绸里，前端略上翘，面绣花卉纹，前脸合缝装饰蓝色花绦綅，底包白绢。弓鞋有高、低鞋帮之分。通常低帮弓鞋常为民间女子穿用，如图3-33所示。高帮弓鞋多为贵族女子穿用，制作十分精美，面料考究，如图3-34所示。弓鞋色彩各异，绣工精湛。弓鞋的鞋底分为平底、弓底和高底。平底一般为一层或多层缝线纳

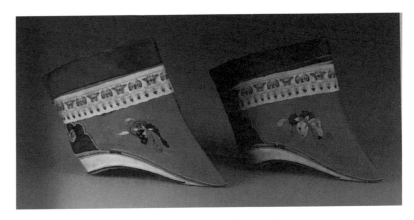

（a）弓鞋（一）

（b）弓鞋（二）

（c）弓鞋（三）

▲ 图3-32　清红缎彩绣弓鞋（山东济宁孟府收藏）

底，如图3-35所示；弓底多为木制，有或大或小的弧度，覆以布帛，再与鞋面相连；高底鞋以樟木为底，鞋底高二寸，如图3-36所示，类似于现代的高跟鞋，鞋底高且一目了然，称为"外高底"。如果高底在里，则称为"里高底"。有前后底一样高的厚底鞋，以及后跟高的高跟弓鞋两种形式。"鞋用高底，使（脚）小者愈小，瘦者越瘦，可谓制之尽美而又尽善者矣"。高底鞋的主要功能是显得脚小，同时又使穿着者亭亭玉立，增添女性的妩媚，因此在山东成为时尚，当时一双三镶袜、一双高底鞋要卖一两银子，就其物价水平而言已属昂贵。

▲ 图3-33　低帮弓鞋
（江南大学传习馆藏）

▲ 图3-34　高帮弓鞋
（江南大学传习馆藏）

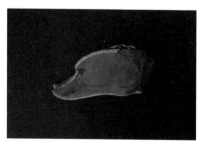

▲ 图3-35　平底弓鞋
（江南大学传习馆藏）

▲ 图3-36　高底弓鞋
（江南大学传习馆藏）

二、清代山东男子婚服特征与搭配方式

在清代山东，男子的婚服为袍和褂。婚礼这天，如果新郎是品官，要穿吉服袍与吉服褂。通常，袍服外面罩褂，也有"袍褂不分家"之说。这种有袍必有褂的穿着方式，严格地遵循清代吉服的搭配原则。如果新郎是庶民则穿蓝绿色长袍、马褂、头戴礼帽，插两朵金花，身披红绸。

（一）清代山东男子婚服首服——暖帽、瓜皮帽

清代山东男子婚礼的冠帽有暖帽、夏帽和瓜皮帽之分。其中，暖帽和夏帽为品官所佩戴。暖帽在冬天佩戴；夏帽为夏天所戴。暖帽多为圆形，周围有檐边，用皮、呢、缎制作，大多为黑色。本书以山东博物馆藏黑色缎铜顶暖帽为例进行研究，如图3-37所示。帽子为黑色布面，蓝色布里，帽顶装饰椭圆形铜顶子并缀有红缨覆盖帽身。凉帽的造型无檐边，形如圆锥，帽里用红色暗花绸，白布面，帽顶铺红缨，帽檐为石青缎，帽上有顶珠和花翎。花翎是吉服冠上用来装饰的羽毛，在帽子后面与顶珠连在一起，所以人们常将它们统称"顶戴花翎"，如图3-38所示。它是官员等级的重要标志。按清代服制规定，一品官用红宝石，二品官用红珊瑚，三品官用蓝宝石，四品官用

▲ 图3-37 暖帽（山东博物馆藏）

▲ 图3-38 花翎
（山东博物馆藏）

青金石，五品官用水晶等。

　　庶民婚礼中新郎所戴的便帽为瓜皮帽，如图3-39所示。瓜皮帽原为齐民之服。《三才图会·帽子》载："帽者冒也，用帛六瓣缝成之……此为齐民之服。"顾炎武《日知录》卷二十八载，六瓣便帽"始制于明太祖定鼎时，取六合统一之意"。

▲ 图3-39　瓜皮帽（山东博物馆藏）

（二）清代山东男子婚服主服——吉服袍、吉服褂或长袍、马褂

　　清代山东品官婚服为吉服袍搭配吉服褂。庶民婚服为长袍马褂搭配。本书以山东博物馆藏蓝缎织金蟒袍及左宝贵蓝绸蟒袍为参考，如图3-40、图3-41所示。蓝缎织金蟒袍为圆领吉服袍、大襟、右衽、马蹄袖，两肩各饰一行蟒，共饰五爪蟒八条，周围饰有祥云及八吉祥纹样。袍下绣有海水江崖，表示吉祥绵延不断。清代末期山东将领左宝贵是山东费县人，山东博物馆藏有将军生前所穿的蓝绸蟒袍属于清代吉服袍，袍为圆领右衽马蹄袖，袍的前后身、左右肩部共装饰有八条盘金蟒，金蟒周围饰有五色祥云及蝙蝠，下摆处绣有海水江崖纹。以上两件山东博物馆藏的吉服袍与清代典籍所载内容基本一致，袍服款式、纹样及色彩符合服饰制度规范，可作为清代山东品官婚服的参考。如图3-42所示为六十八代衍圣公孔传铎着吉服褂肖像，此吉服褂为石青色，圆领、对襟、平直宽袖，四开裾。

▲ 图3-40　蓝缎织金蟒袍（山东博物馆藏）

▲ 图3-41　左宝贵蓝绸蟒袍（山东博物馆藏）

▲ 图3-42　六十八代衍圣公孔传铎着吉服褂肖像

　　山东博物馆藏青色妆花蟒补褂为清代吉服褂，如图3-43所示。款式为圆领、对襟、平袖、前胸及后背各缀一彩云江崖金正蟒图案的方形补子。前胸的补子一分为二，分缀对襟两边。

　　清代山东庶民男子婚服为长袍马褂相搭配。据清代《曲阜志》记载："新郎身着蓝绿色长袍、马褂、头戴礼帽，插两朵金花，身披红绸（长二丈四尺），右肩左跨，横腰结穗（挽活扣，不松散）。" 清初所穿的袍长及脚踝，中期流行短至膝盖，之后又长及脚踝。同治时期衣身比较宽大，袖子宽度一尺有余，直至光绪时期。《京华竹枝词》记载："新式衣裳胯有根，极长极窄太难论，洋人着服图灵便，几见缠躬不可蹲。"直至甲午、庚子后，长度覆足，腰身短而紧，同时袖子变窄，仅包裹手臂。江南大学民间服饰传习馆藏清代山东长袍便是窄袖袍，如图3-44所示。

▲ 图3-43 青色妆花蟒补褂（山东博物馆藏）

▲ 图3-44 长袍（江南大学民间服饰传习馆藏）

马褂是清代最有特色的服饰之一，长不过腰。在清代婚礼时常搭配在长袍外面穿着。本书以山东博物馆藏青色纱暗团龙纹马褂为标本进行分析，如图3-45所示。此马褂衣身和袖均比较宽，衣长不过腰，对襟，门襟线居中，两襟对开，直立领，盘扣，宽袖、长仅及肘，马褂为青色。整件衣服针脚细密、平整，工艺精湛。马褂在民间的普遍穿着始于康熙末年，至雍正年间官民皆可穿着。

▲ 图3-45 青色纱暗团龙纹马褂（山东博物馆藏）

第四节 明清山东丧葬礼仪服饰特征

丧葬礼仪是告别人世的重要礼仪，它关乎个人、家族以及社会。自其形成之日起，便带有等级色彩。依据生前官位、品级、性别的不同，享有不同的仪仗待遇。棺椁的大小、材质的等级、冥具的多寡、陵墓的尺寸、服饰的不同、仪仗的规程等，均有严苛的要求，显示出强烈的阶级色彩。

明清时期的山东，丧葬一事集儒家"礼"与地域"俗"于其中。丧事的好坏可以权衡家人及子孙的德行。在这一礼仪中所涉及的服饰有丧服和葬服两种服装，其中死者亲属丧期内所穿着的服装为丧服，亡者下葬时的服饰为葬服。山东地区在丧服的穿着方面多遵循古制，其特征变化并不明显，因此本书对于明清山东丧服的研究主要集中在丧服制度的变化以及在此基础上五服所呈现出的特征。在明清山东葬礼中，依旧遵循古礼将入殓分为小殓和大殓两个环节，每一环节为死者穿着不同的服装。小殓是在死者去世第二天进行，伴随着亲人的痛哭为其换上服装。死亡后的第三天进行大殓，此时要为其穿着下葬时的服装，庄严肃穆的平躺于棺中。葬服便是指大殓所穿着的服装。本书对于此类服装的研究主要以出土墓葬结合丧葬相关的传世文献和考古资料为依据展开。其中，以1970年春在山东邹县境内朱元璋第十子朱檀墓中出土的葬服为明代山东葬服标本。以2013年山东沂南出土的清代墓葬中的葬服为清代葬服标本。本书通过挖掘明清山东丧葬服饰的着装特征、搭配方式真实呈现服饰中蕴含的独特礼仪文化和地域民俗特色。

一、明清丧服制度

丧服制度根据与死者的血缘和远近关系，结合所用面料的差异、丧期的长短，以表达对逝者的哀悼。在某种程度上起到了道德规范的作用，能够展现家族之间的亲疏关系。丧服分为五种等级，即斩衰、齐衰、大功、小功、缌麻。作为丧服制度的外在符号，构筑了亲属之间血缘关系的远近，形成了极为复杂的丧服服饰系统。通过服制与丧期二者的搭配来展现哀伤的情愫。例如，斩衰三年意味着服制最重同时丧期最长；缌麻三月意味着服制最轻且同时丧期最短。

丧服的主服由衣和裳组成，饰品有冠、带、履、杖。各个等级主服和饰品各自不同。呈现出由重向轻的变化。中国古代的丧服制度在不断变化中前行，由汉初提倡的薄葬到汉武帝时为父母守丧三年，至明清时期丧期明显缩短。

（一）明代丧服服制变革

（1）为母服叙与为父相同，同为斩衰三年。明代服叙改革始于洪武七年（1374年）孙贵妃薨逝，由于无子，朱元璋下诏："子为父母、庶子为其母（即生母）皆斩衰三年，嫡子、众子为庶母皆齐衰杖期。"同时，改为母服叙为斩衰三年，与为父服叙相同。为嫡母、继母、祖母等有关的服叙均改为斩衰。可见在明代，父母在服叙中的地位是平等的。由于这一改革，齐衰三年便自然废除。因此，齐衰在这一时期只有杖期、不杖期、五月、三月，这是传统社会中呈现出的一丝男女平等的曙光。

（2）为庶母服叙由缌麻三月改为齐衰杖期。庶母并非父亲正室，先秦服叙规定士要为其服丧三月，大夫以上则无服。唐宋元服叙规定，为庶母之有子者服缌麻，无子则无服。明代洪武七年颁布《孝慈录》改为嫡子、众子为庶母皆齐衰杖期，明显提升了庶母的地位。

（3）为嫡长子改服齐衰不杖期。先秦礼法中规定，父亲为嫡长子服斩衰三年，母亲为其齐衰三年，而对非嫡长子则服齐衰不杖期。明代则规定"父母为嫡长子及众子均服齐衰不杖期"，这就意味着嫡子与众子同服，均为齐衰不杖期。说明嫡子与庶出同等对待。

（4）扩大无服的范围，殇服废止。唐宋时，五服之外被称为"袒免"，元代改为"无服"。明代沿用元代服叙，范围也远远超过之前。先秦时期，规定未成年而早逝的特殊服叙为殇服，其中大功七月便是为殇服特设。但是在明代《孝慈录》中则废止了殇服，此后服叙等级趋于简化。

（二）清代丧服服制变革

明代丧服服叙较前代做了相应删减，呈现出平民化趋势。时至清代，服叙改革重心转向全力维护本宗的角度，服叙制度呈现出倒退的趋势。

（1）为养母服丧由明代的斩衰三年降为齐衰不杖期。清代《通礼》考虑到收养弃儿会混乱血缘关系，影响本宗族血缘的纯正，从而导致财产流入外姓手中。所以在服叙上将收养的同姓异姓做了明确的划分。规定为母亲斩衰三年，同姓之子可立为嗣；为养母降服齐衰不杖期，异姓之子不得为嗣。

（2）随继母再嫁者为继母服丧时需降服不杖期。改嫁的母亲与未曾改嫁的母亲在丧服上有明显区别，即为改嫁继母丧期为齐衰杖期，这一要求历代沿袭，直至清代乾隆嘉靖时期。道光时期《通礼》则改为齐衰不杖期。因为再嫁被认为不懂节操，虽然年纪尚小随继母再嫁属于实为生活所迫，但终究还是背离，所以清代《通礼》对这种情况进行降服，其意在于保护本宗利益。

（3）删除为同母异父兄弟姊妹服表。为同母异父兄弟姐妹所服小功，在清代《通礼》中已删去，这是缘于压抑外亲、扶持本宗的需要。

明清两朝丧服服叙与前朝相比呈现出逐步简化、平民化、世俗化的特征。将齐衰三年、大功九月、小功五月、缌麻三月、祖免等进行删除，如表3-3所示。这一变革几乎具有不可逆性，其原因有政治制度、宗族形态、学术思潮甚至统治者个人性格都对服叙产生了影响。这些变革基本顺应民心民俗，不拘泥于传统的宗法等级。《四库全书总目》记载："朱子没后二十余年，其时《家礼》已盛行。自元明以来，流俗沿用。"其实不仅是流俗，明初朱元璋亲自作序的《御制孝慈录》有关丧服制度几乎照录《家礼》至《大清律例》进一步简化。

表3-3　明清服叙等级损益表

服叙等级	斩衰三年	齐衰三年	齐衰杖期	齐衰不杖期	齐衰五月	齐衰三月	大功九月殇服	大功七月殇服	小功五月殇服	小功五月成人服	缌麻三月殇服	缌麻三月成人服	袒免	无服
明清	有	无	有	有	有	有	无	有	无	有	无	有	无	有

二、明清山东丧服特征

明清时期，山东地区依旧遵循五服制，即斩衰、齐衰、大功、小功和缌麻。其中以斩衰最重，依次递减。丧服分为上衣和下裳。上衣称为"衰"，下衣称为"裳"。

（一）斩衰

斩衰由领、袂、衽及裳构成，如图3-46所示。另有首绖、腰绖与其搭配。首绖是丧服系统中的首服。最初没有等级差别，在丧服衰、裳、冠等制度出现后，首绖被后人保留下来，并以粗细、制法等划分轻重等级，以适应丧服等级制度的需要。明代山东斩衰首绖以两股连根带梢的苴麻散麻纠合成周长九寸的绳子，从左至右绕头一周，垂在左耳边。清代山东斩衰首绖为双层帽子，后面缀有一根及腰麻绳，腰部系白色绳子。帽子上有棉绒做成的"孝弹子"。若弹子在左边意味着父亲已逝，弹子在右边意味着母亲已逝。

腰绖是将两股散麻拧合成带状缠于腰间，多余部分散而下垂三尺，也称散带。与首绖材质及制作方法基本相同。绞带通常束在腰绖之下，比腰绖细，用苴麻编成麻绳。菅屦是用菅草编成的草鞋。明清山东斩衰的鞋子都要包白布。如果父母均不在世，则鞋子全白，如果只有其一在世，要露出后

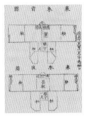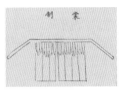

▲ 图3-46　明《御制孝慈录》斩衰衣裳图

跟。鞋口白色为毛边。杖是父亲去世用竹做的苴杖。母丧用上圆下方的桐杖，桐木制成。

（二）齐衰

齐衰是次等级丧服，用次等麻布制作，较斩衰所用布稍细。形制与斩衰一致，但是底边需要缲边，如图3-47、图3-48所示。如郑玄注《丧服传》云：“斩，不缉。齐，缉也。”衣边线迹整齐，齐衰用熟麻布制成。丧冠以夏布为帽缨。

腰绖用散麻交叉绞合而成，呈绳状绞合下垂，多余部分不散垂，腰绖的周长较斩衰腰绖减五分之一，相当于大功的首绖。绞带用牡麻制作，一端束成结，一端由结中穿过并下垂。明清时期山东齐衰的鞋子与斩衰一样为白色，但鞋口缉边。手持的杖用桐木制作，根据父为天，母为地，天圆地方的理论，上圆下方的杖形表示为母服丧时仍然不能忘记父亲之尊高于母亲之尊的伦理原则。

（三）大功

大功不用衰（左胸小麻布）、辟领和负版（背面），如图3-49所示。用粗夏布制作，不如齐衰所用布粗糙。腰绖形制与齐衰所用绖相同。截面周

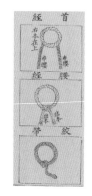

▲ 图3-47　齐衰搭配　　　　　▲ 图3-48　明《御制孝慈录》齐衰图

长较齐衰短。绞带与齐衰绞带相同。麻屦用麻布制作。明清时期山东大功服的鞋为蓝鞋口或黑鞋口。冠与齐衰冠形制相同，但所用麻布更为细密。

（四）小功

小功的衣裳用稍细的夏布制作，形制与大功一致。腰绖长度是小首绖的五分之一，形制与大功腰绖相同。绞带用白布制作，形制与大功绞带一致。冠梁上的三条襞积向左叠缝，其余和大功冠相同。首绖与大功相同，粗细与大功腰绖相同，且没有缨。绳屦用白布制成。

▲ 图3-49　大功搭配图

（五）缌麻

缌麻的衣裳用最细的夏布，形制与小功相同。腰绖用熟麻制成。绞带和绳屦与小功的绞带相同。冠梁襞积向左叠缝。首绖粗细与小功腰绖相同。

由于明代棉花种植和棉织业在山东成为主要经济作物和家庭手工业，棉布逐渐取代麻布成为人们衣着的主要原料。因此，以棉布作为大功以下五服服饰的面料。但是斩衰和齐衰依旧遵循五服原料崇尚粗恶、色彩则崇尚原始的传统，继续用麻布且保持麻之原始本色（本白色）。

明代山东女子的孝服以孝衫、孝裙为主，不戴首饰，用竹制为钗，麻布盖住头部或用白布裹住发髻，腰间束麻绳。孝服用麻布做成交领或对襟长衣，或直接穿缟素衣衫。孝裙为麻布长裙，穿在衣衫之外，斩衰衣裙均不缉边，腰绖系于腰间，脚穿麻鞋。清代山东斩衰的衣边不缝纫，齐衰覆缉边。功服以下不覆鞋，或只在鞋面上钉上白布条。斩衰白鞋，鞋口白色为毛边；齐衰也是白鞋口的白鞋，但鞋口缉边；大功服以下蓝鞋口或黑鞋口。孝帽的样式为圆筒形，上端折合缝制，钉疙瘩，斩衰、齐衰白色疙瘩，大功黑色，小功蓝色。孝帽外面加"抹子"，做法是用白布双合成两寸宽的长条，绕头部一周，打结后垂在脑后，一直垂到腰间。缌麻的孝帽用一块白布折成三角形缝合。到出殡时孝子在孝帽上加上一顶麻布"谅冠"（条状麻布）。在微山，还要在孝帽以外加一道麻箍。女性则戴"抹子"，即用白布勒住头部。曾孙子及意外服孝的男子，在孝帽的角上缀一红布条。侄女在白色头箍上加蓝花，孙女加黄花，曾孙女加红花。民间有"孙男嫡女花花孝"的说法，便是这种表现形式。清代潍坊临朐的服丧习俗是家中长辈去世，男性服丧者要赤脚，穿白色鞋子，腰系白色绖带；女性服丧者要脱簪，穿白色鞋子，腰系白色绖带。逝者的其余亲属则要根据血缘亲疏服丧。这于周代丧礼几乎一致，说明清代山东"忠孝"思想根深蒂固，对古礼的保留十分完善。此外，山东服丧还有"大孝"的习俗，即逝者亲生子女需要完整的穿戴丧服，头戴孝帽、身穿孝服、裤腿扎白布不留其他颜色，鞋子用白布裱着，从头到脚全部服用白色。如果父母双亡，则要一双鞋子全部裱起来，单亲去世将鞋面裱上，后跟留出豁口。

三、明代山东葬服特征

葬服分为首服、主服和足服。本书依据墓葬出土文物、传世实物及文字资料相互对照进行研究。根据社会地位高低，亲王葬服的首服为皮弁。庶民葬服首服为乌纱折上巾。主服无论社会地位高低均为袍服，配饰为玉带、玉佩、玉圭。

（一）明代山东男子葬服首服——皮弁、乌纱折上巾

皮弁是明清山东贵族男子的礼帽，也是葬服的首服之一。古时采用多条白色麂皮相互缝合，做成菱形。拼缝之间凸出分缀五彩玉饰，名"琪"。琪的数量和颜色是区别身份的标志。鲁王朱檀所佩戴的皮弁为细竹丝编织而成，外覆乌纱，九缝，每缝缀玉琪九颗，并贯金簪。皮弁在中国古代分等级，天子十二缝，每缝缀彩色玉石各十二颗；太子、亲王九缝，每缝缀九颗。朱檀墓出土的皮弁符合亲王形制要求。

乌纱折上巾属于明代皇帝、太子、亲王和宫廷官吏的常服冠。冠由前后两部分组成，前低后高。冠后面插有两只帽翅向上耸立。帽体覆盖黑纱。

（二）明代山东男子葬服主服——袍

明代山东男子葬服主服为袍。本书中朱檀墓中出土袍服为黄色妆花四团龙纹缎袍，属于亲王葬服主服，如图3-50所示。

此外，明代山东品官和庶民男子葬服多以圆领袍为主服，如图3-51所

▲ 图3-50　黄色妆花四团龙纹缎袍

示。其款式为圆领右衽、宽袖。衣长以身长确定，离地一寸，衣身两侧开衩，袖长过手再反折至肘部。一品至四品官用绯色，五品至七品用青色，八品以下用绿色。一品衣身用暗花织出大独科葵花，直径五寸；二品用小独科葵花，直径三寸；三品用散答花无枝叶，直径二寸；四品、五品小杂花纹，直径一寸五分；六品、七品用小杂花，直径一寸。胸部及背部缀有方形金绣或彩绣纹样补子并以纹样区别品级。洪武二十四年定，一品官用麒麟、白泽；二品官用仙鹤、锦鸡；三品、四品官用孔雀、云雁；五品官白鹇；六品、七品用鹭鸶；八品、九品用黄鹂、鹌鹑。画像中可以看到于慎行所佩戴的革带为青色，整体较长，挞尾绕过前身垂于身体左后侧。葬服中所佩戴的革带与此为相同款式。同时，《明史·礼制》记载："殓衣，品官朝服一袭、常服十袭……饭含，五品以上饭稷，含珠；九品以上饭梁，含小珠；庶人饭用梁，含钱。"由此可知，死者着官服入殓以后，棺柩中还需要放置死者生前所穿着的朝服一袭、常服十袭。同时口中要含着宝物，这是为了实其口，祈祷去世后不挨饿。大殓完成，便要盖上棺木，用钉子密封棺盖。

▲ 图3-51　明万历于慎行着公服

（三）明代山东葬服配饰——玉带、玉佩、玉圭

明代山东葬服的配饰多为玉带、玉佩、玉圭。其中，品官除佩戴玉带、玉佩之外，会手持生前象征官位品级的玉圭。庶民多佩戴玉佩。

玉带以大小相等的片状玉片组成。朱檀墓出土的玉带由23个玉片组成，用黄金镶嵌在周围配五色珠宝。

玉佩在《明史·舆服制》中记载："太子大佩上玉钩二。玉佩二，各用玉行一、瑀一、琚一、冲牙一、璜二；瑀下垂玉花一、玉滴二。缘云龙纹，描金。自行而下，系组五，贯以玉珠。"在明代，亲王冕服与太子相同，鲁王朱檀的玉佩形制与记载相符合，如图3-52所示。玉佩成对挂在革带两侧，每对两件，刻有云龙纹描金。佩下系有珩，珩下系五串玉珠，中间连以瑀琚，下垂玉花、玉滴、玉璜，如图3-53所示。按照中国古代的礼仪，只要脚步移动，冲牙、玉滴与玉璜即会相撞发出声响。正常的声音应当缓急有度，如果节奏杂乱，则被认为失礼。

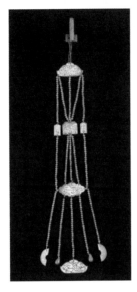

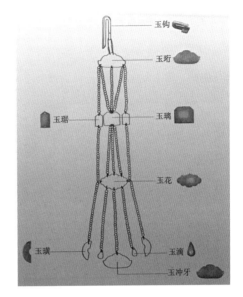

▲ 图3-52　朱檀葬服玉佩　　▲ 图3-53　玉佩结构示意图

四、清代山东葬服特征

清代山东男子葬服由礼帽、袍服、褂和靴组成。女子葬服的上装主要有衫、袄等，下装主要有裤或裙。随着满汉民族融合，满汉女性服饰相互借鉴，多为上袄下裙的搭配。据清代山东临朐县志记载："男性寿衣有长袍、马褂、瓜皮帽顶端缀有红线绒、靴或棉鞋等；女性寿衣有棉袄、百褶裙、绣花鞋。"清代山东葬服一年四季均为棉衣，以便死者能在阴间过冬，也祈祷往生之时富足、安乐。寿鞋中无论男女均为棉鞋，男鞋的鞋面绣有如意云纹，女鞋绣五彩花卉。鞋底绣有云纹、元宝等，而且在鞋底两侧分别有四根纳鞋底的麻线留出，寄托着对子嗣儿孙的美好祝愿。

（一）清代山东男子葬服搭配

清代山东男子葬服首服以暖帽、软帽为主。从山东沂南河阳清代刘氏家族墓地的考古发掘中出土服饰可以看到墓中人所佩戴的帽子为暖帽。同时，山东曲阜衍圣公府记载清代大殓时也佩戴暖帽。本书以山东沂南河阳清代刘氏家族墓出土的缎地如意软帽和缎地暖帽为例，如图3-54、图3-55所示。软帽也称便服帽，帽体由八片等腰三角形布料缝合成瓜棱形圆顶。暖帽作为清代礼帽，帽体呈圆形，分为帽顶和帽檐两部分。帽顶用姜黄色绒布制成，帽檐为珍贵的黑色貂皮。

清代男子葬服主服以袍服、褂为主，配腰带。袍服为直身、窄袖、圆领、大襟、右衽、袖端呈马蹄状，如图3-56所示。

▲ 图3-54　软帽（山东沂南洋河墓出土）　▲ 图3-55　暖帽（山东沂南洋河墓出土）

（a）夹袍正面　　　　　　　　（b）夹袍背面

▲ 图3-56　五蝠捧寿纹暗花绫夹袍（山东沂南洋河墓出土）

清代的袍与明代宽衣大袖的袍服形制有较大差异，更加适用于骑射活动的需要。清初期，袍较长，顺治末减短及膝部，其后又加长，康熙中期袍服逐渐变短，而外套则逐渐加长。长袍加褂是清代常见的穿着方式，穿在袍服外面，长度在肚脐处。以出土的五蝠团寿纹暗花绸补褂为例，如图3-57所示，款式为圆领、对襟、衣长过膝但短于袍服，左右及后片各开一裾。袖子长及肘部，袖口平齐。

清代山东男性葬服的足服以靴为主。靴内穿袜子。以山东沂南出土的素缎靴和团龙戏珠纹暗花缎单袜为例，如图3-58、图3-59所示。靴子为姜黄色，靴筒由两片布料组成。靴面由五片八枚三飞缎织物缝制而成。靴子以鞋头直线缝起，名曰梁；双梁鞋子是日常穿着的鞋，下葬时款式也没有变化。官员通常穿黄色靴，庶民穿蓝色靴。袜为团二龙戏珠纹暗花缎单袜，单面由五片布料拼接而成，袜子上部两侧各有三条辫线，两条龙在圆形图案中以顺

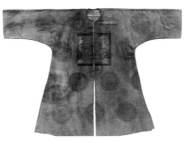

（a）褂正面　　　　　　　　　　　　　　（b）褂背面

▲ 图3-57　五蝠团寿纹暗花绸补褂（山东沂南洋河墓出土）

▲ 图3-58　素缎靴（山东沂南洋河墓出土）

▲ 图3-59　团二龙戏珠纹暗花缎单袜（山东沂南洋河墓出土）

时针方向游动，中间位置有火珠一枚，四周莲花环绕，整幅图案富有动感。

（二）清代山东女子葬服搭配

清代山东女子葬服为上衣下裳式搭配。上装主要有衫或袄，下装主要有裤或裙。山东女子临终时的装扮不亚于婚礼时的盛装，面料为丝绸或绢类，色彩艳丽。

袄为山东女性下葬时穿着的上装，袄身宽大、衣长过于躯干，有圆领、斜领、立领之分，衣缘处饰有镶绲装饰。《阅世编》中记载："袖初尚小，有仅盈尺者，后大至三尺，与男服等。自顺治以后，女袖又渐小，今亦不过尺余耳。绣初施于襟条以及看带袖口，后用满绣团花，近有洒墨淡花，衣俱浅色，成方块，中施细画，一衣数十方，方各异色。"乾隆年间，袄的形制宽大，长度及膝，之后宽度变窄，长度也越来越短。衣缘装饰形式不变，但袖口随时尚不断变化。晚清时期，袄逐渐长及膝下，成为长袄。

裙是清代山东女子重要的礼仪服饰之一，也是清代山东女子的葬服。以马面裙、百褶裙为多。山东梁山一带，已婚女子下葬时，其葬服要仿照结婚时的装扮红裙子、绿绸袄，手拿艾和络花。马面裙由裙腰、裙门和裙幅组成。两张裙幅相互交叠，缀于裙腰下面。每张裙幅均有长方形裙门，称为马面。马面饰有彩色精美刺绣。裙的颜色以红为贵，是端庄、富贵的象征。

葬服的裤子为高腰合裆裤，裤长及脚面，裤腿宽大，裤口饰有黑色刺绣镶边。达官显贵选用绫罗绸缎制作，庶民百姓以棉布为裤。裤的色彩为蓝色或红色。

清代山东女子葬服的足服是弓鞋。清代缠足之风盛行，缠足的流行范围之广已明显超过明代。因此，山东各地女子下葬时的鞋子为弓鞋，鞋底是由木头或布底做成，装饰精美的云纹，如图3-60所示。弓鞋的鞋头为尖头。鞋底是由木头或布底做成，装饰精美，其颜色与主服一致或为蓝色。

▲ 图3-60 清代山东寿鞋底部云纹

第五节 明清山东祭孔礼仪服饰特征

"礼有五经，莫重于祭"，祭祀是维系中华民族大一统的思想武器，是古人始终精神世界的依托，是对中华礼仪文明的践行。明清山东最盛大的祭祀当属祭孔。它是山东祭祀礼仪的典型代表。祭孔礼仪是通过特定的服饰装扮，手持具有象征意义的礼器，不同的站立及舞蹈姿态，以期在潜意识建构的认知视野里与圣人心摹手追。其中，礼仪服饰、礼器等物品在祭祀的每一个环节均有着特殊的存在意义。而这些物品的组合，呈现出的神圣仪式，彰显对伟大思想的敬仰及以忠孝仁义、德治仁政为代表的传统中华礼乐文明精神的崇敬。

祭祀孔子始于公元前478年至清末为止两千多年来从未间断，历代皇帝亲祭或遣官代祭，或便道拜谒，总计达196次，成为世界祭祀史上的奇观，如表3-4所示。明代的祭孔传承了唐代祭祀的礼乐形式并进一步发展完善。至清代，祭孔规模日趋加隆，形式更为盛大，超越历代。每当新的朝代制礼作乐时，均由孔子后裔上报前代祭孔礼乐的具体范本，甚至提供依据及修订方案，这在很大程度上保持了祭孔的连续性，也使祭孔具有了独立传承、基本程序保持一贯的特征。祭祀礼仪由六个环节构成，分别为迎神、初献、亚献、终献、撤撰、送神。根据主献官的官位等级不同，可将祭孔等级分为三类。帝王亲临致祭或皇子致祭、遣官致祭和衍圣公致祭。参祭人员主要分为五类，分别是主祭（包括正献、分献及陪祭诸官员）、纠仪官（监礼）、诸礼生、执事人员、乐生和舞生。祭祀礼仪所穿的服饰被称为祭服，是最为庄严的礼仪服饰之一。作为礼仪的物化载体，它既从属于礼仪制度，又隶属于冠服制度的一部分。其形制、纹饰、色彩均有寓意蕴含其中。主祭以及参与祭祀的诸官均穿着代表自身品级的官服。乐、舞生各有其专用的服饰。本节所探讨的祭孔服饰将按照明代及清代山东"祭孔大典"中由衍圣公担任献官致祭所穿的祭服以及乐舞生所穿着的祭服展开论述。祭服包括首服、主服和足服。值得一提的是，明清时期山东的祭孔礼仪是不允许女性参加的，因此本书所研究的内容均为男性服饰，这是由礼仪活动的特殊性决定的。

表3-4　明清皇帝莅临孔庙祭孔记录

历史年号	公元纪年	孔庙释奠
明洪武元年	1368年	明太祖诏以太牢祭孔子
明洪武三年	1370年	诏革诸神封号，唯孔子封爵依旧
明洪武四年	1371年	更定孔子庙祭器乐舞，乐舞生设一百一十人
明洪武十五年	1382年	命郡县通祀孔子，每岁春秋二仲丁行释典礼
明正统四年	1439年	定孔府佃户人丁。户部奏准存五百户，二千丁，专以办纳籽粒，供祭祀
明成化十二年	1476年	祭酒周洪漠清增孔庙礼乐。定笾豆十二，舞用八佾。
明弘治九年	1496年	增祭孔乐舞二十六人，与天子乐舞七十二人相等
明弘治十三年	1500年	重修孔庙，至弘治十七年告成，用银十五万两
明正德八年七月	1513年	"移城卫庙"工程兴工，至嘉靖元年三月竣工
明嘉靖九年	1530年	更定孔庙祀典，尊孔子为至圣先师
清顺治二年	1645年	祭酒李若琳奏准文庙谥号，称"大成至圣文宣先师孔子"
清顺治十四年	1657年	钦定文庙尊称"至圣先师孔子"
清康熙二十三年	1684年	圣祖至阙里孔庙祭祀孔子，行三跪九叩礼，赐御书"万世师表"匾额
清康熙五十一年	1712年	升先贤朱熹于大成殿十哲之次
清雍正二年四月	1724年	册封孔子先世五代为王
清雍正七年	1729年	颁内府新制大成殿祭器、镇圭、曲柄宝盖及二十四戟
清雍正八年	1730年	孔庙大成殿塑像落成，诏设圣庙执事官四十员
清乾隆十三年	1748～1790年	清高宗至阙里祭孔，后多次至孔庙释奠孔子。分别为：乾隆十三年（1748年）、十六年（1751年）、二十一年（1756年）、二十二年（1757年）、二十七年（1762年）、三十六年（1771年）、四十一年（1776年）、四十九年（1784年）、五十五年（1790年）幸阙里，均释奠孔子
清乾隆三十六年	1771年	谕颁周范铜器与孔庙
清光绪三十二年	1906年	奉旨将孔庙祭祀规格升为大祀，全部建筑改为黄瓦

一、明代山东祭孔礼仪服饰特征与搭配方式

祭孔服饰不仅是礼仪制度的物化载体，也是冠服制度的组成部分。其服

饰色彩、形制、图案等均被赋予"表德劝善"的思想于其中。本书针对明代嘉靖年间山东阙里祭孔中的献官服饰和乐舞生服饰进行研究。明代献官祭服与朝服相一致，遵循上衣下裳的搭配方式，乐舞生祭服为头戴黑介帻、穿圆领大袖袍。

（一）明代山东祭孔礼仪献官服饰

献官祭服可以在洪武二十六年《明会典》中看到记载："凡大祀、庆成、正旦、冬至、圣节、颁诏、开读、进表、传制都用梁冠、赤罗衣，青领缘白纱中单，青缘赤罗裳，赤罗蔽膝，赤色绢大带，革带，佩绶，白袜黑履。"祭服在嘉靖年间作了较大的更订，形成了最后的定式，即头戴梁冠、身穿赤罗衣裳、佩绶、足蹬皂靴。本书以嘉靖朝制订的朝服形制为依据，以山东博物馆藏明代赤罗衣裳为实物标本。明代赤罗衣裳是目前国内仅存且完好的明代朝服，具有较高的实证价值。

明代山东祭孔献官祭服首服为梁冠。梁冠周围金色，中间为黑色承梁。佩戴时青色缨系于颌下，如图3-61所示。以梁冠上的梁数区别品级高低。一品冠

▲ 图3-61　献官梁冠

的梁数最多，为七梁。二品至四品依次递减，分别为六梁、五梁、四梁。

明代山东祭孔献官祭服主服为赤罗衣裳，赤罗衣裳为上衣下裳式，如图3-62所示。赤罗衣由红色衣身搭配皂缘，形制与朝服相同，衣长在腰部下方。赤罗裳为红裙搭配皂缘。另有蔽膝、绶、大带、革带、佩玉、袜、履，均与朝服的搭配相一致，如图3-63所示。

明代山东祭孔献官祭服配饰为绶。一品，绶为四色织云鹤四色花锦，绶环用玉；二品，绶为四色织锦鸡，绶环用犀；三品，绶为四色丝织孔雀花锦，绶环用金；四品，绶为四色织云雁，绶环用金；五品，绶为四色织白鹇花锦，绶环用银镀金。六品、七品，绶与五品相同，绶环用银。八品、九品，绶与五品相同，绶环用铜。

▲ 图3-62　明代献官主服（山东博物馆藏）

▲ 图3-63　明代官员朝服

（二）明代山东祭孔礼仪乐生与舞生服饰

明代山东的祭孔大典以乐、歌、舞的形式进行。表达了"仁者爱人""以礼立人"的礼学寓意，具有较强的思想亲和力、精神凝聚力和艺术感染力，是祭孔礼仪思想内涵的表达。

明代山东祭孔乐生与舞生首服为黑介帻。明代祭孔服饰从洪武元年开始不断调整，在承袭古制的基础上历时三十年逐步完善。在强调形象完整性的同时注重政治与伦理的象征性。《明史·舆服》规定乐舞生首服为展脚幞头，洪武五年又订祭孔乐生和舞生服饰相同，均为头戴黑介帻，饰有金蝉。明代祭孔乐舞生首服始终强调着规范。

明代山东祭孔乐生与舞生主服为圆领袍。乐生与舞生所穿的祭服为绯色圆领袍，款式为无摆，袍服不设襕，胸背处绘制缠枝葵花。腰系青色革带，缀黑角。足蹬皂靴，靴面为黑色锦缎。前后饰有云纹，靴底用三道皮子反缝，外涂白粉，如图3-64、图3-65所示。

制履冠　　　　制带袍

▲ 图3-64　《頖宫礼乐疏》舞生冠履、袍带图

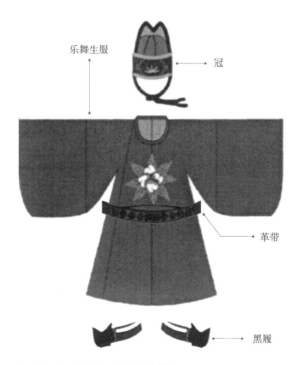

乐舞生服

冠

革带

黑履

▲ 图3-65　明代乐、舞生服饰搭配

二、清代山东祭孔礼仪服饰特征与搭配方式

清王朝虽然是满族统治的政权，但是其尊孔祭孔的程度，较之历代更加隆重，认为祭孔饱含着对"礼"的尊崇与表达。它是儒家思想的传承与延续，具有不可忽略的积极作用。在积极继承明制的同时，清代祭孔服饰体现出独具特色的款式、色彩和文化内涵。本书对清代山东阙里祭孔中的献官服饰和乐舞生服饰的特征及搭配进行研究。

（一）清代山东祭孔礼仪献官服饰

清代山东祭孔献官首服为官帽。帽子呈圆形，皮制帽檐。帽檐所用皮毛有等级区别。以貂鼠为贵，海獭次之，狐皮最次。帽顶装有顶珠，其材质可为各色宝石，以红色、白色、金色、蓝色最为常见。顶珠下面装有孔雀翎毛制成的花翎，垂于脑后，如图3-66所示。

▲ 图3-66 清代山东祭孔献官官帽（清会典图）

清代山东阙里祭孔献官的主服为吉服袍，它是以中原文化为基础，同时融汇游牧文化于其中的礼仪服饰。色彩艳丽、图案繁复且遍布整件袍服，具

有清代礼服的时代特色。与之相搭配的吉服褂，颜色为石青色，宽袖、开襟居中，如图3-67、图3-68所示。

▲ 图3-67　清代山东祭孔献官吉服袍（清会典图）

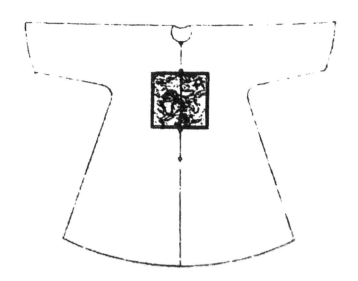

▲ 图3-68　清代山东祭孔献官吉服褂（清会典图）

（二）清代山东祭孔礼仪乐舞生服饰

清代山东阙里祭孔分为文舞生和武舞生两类，文舞象征文事，表德，需具备谦恭揖让之容以示其仁；武舞象征武事，表功，需具备发扬蹈厉之势以示其勇。文舞、武舞的目的都在于和神人而象功德。所持舞具也有差异，文舞持羽、翟，武舞持干、戚。清代光绪之前只设文舞，光绪三十二年（1906年），升释奠为大祀，增设了武舞，如图3-69、图3-70所示。本书结合《清会典图》《（康熙）山东通志》卷三十，清康熙十七年（1678年）刻本、文庙舞佾图在是书雅乐志《文庙乐舞全谱》，孔继汾辑，清乾隆三十年（1765年）刻后印本，通过部分样本的梳理和对其中的文庙舞佾图相互比对，分析研究文舞生与武舞生服饰。

清代山东祭孔乐舞生首服为蝉冠。它是用麻布附以黑漆，冠的前部饰以金蝉，冠边沿皆为金色，冠缨用青色布垂于冠后。冠分为冬式和夏式。冬冠用鼠皮制作，顶珠用铜制作镂空装饰搭配黄翎；夏冠顶部装饰与冬冠相同。

▲ 图3-69　清代文舞生

▲ 图3-70　清代武舞生

清代祭孔乐生及舞生服饰具有相同的色彩及形制，同为红色袍服，内穿白色绸裤，足蹬黑色靴子。乐生袍服的前胸后背绣黄鹂，系蓝色腰带，着红绸袍。舞生袍服的前胸后背绣金葵花，腰系绿色绸带，如图3-71、图3-72所示。舞生的袍服虽然形制和色彩与乐生相同，同为补袍，但两者袍子的面料

▲ 图3-71　清代舞生红绸袍（山东博物馆藏）

▲ 图3-72　清代舞生绿绸系带（山东博物馆藏）

有着明显差异。乐生为上，舞生为次。所以，两者袍子的面料和图案可以区别乐生和舞生的身份。

祭孔服饰展现出"文质彬彬""约之以礼"的教化内涵。朝代更迭，随着祭孔礼仪规模的不断加隆，这种官方制订的祭服形式具有时代典型性和稳定性，因此得以流传至今。

第六节　本章小结

本章主要探讨了明清山东礼仪服饰类型，以及以婚服、丧服、葬服、祭服为代表山东礼仪服饰在明清两朝中的穿搭方式，得出结论如下：

（1）总体来看，明代山东礼仪服饰在穿着方式上沿用唐宋之制，采用上衣下裳的搭配方式。清代山东礼仪服饰仍保留了明代的穿着方式和服装款式，但是在长时间的满汉交融过程中，礼仪服饰也受到影响，呈现出部分满族服饰的特征。

（2）明清山东人民具有保守持重的性格特点，品官严格按照服制穿搭婚服，庶民根据自身经济能力的差异在款式、面料、饰品的选择方面有所不同。地域习俗融入礼仪服饰当中。丧服表现出逐步简化、平民化、世俗化的特征。葬服以色彩艳丽的礼服居多，服装上绣有寓意吉祥的宗教纹样，表现出山东地区佛道的盛行。祭孔服饰集礼乐教化于一体，其艺术形式由官方指定，不允许擅以个人喜好更改，因此穿搭方式并无较大变化，只在具体款式上有些许改变。

崇儒家彰礼乐的领襟变化

内省与扩散下的袖型变化

以造型为导向的装饰结构

婚服形制蕴含着深厚的礼仪文化内涵，是一种伦理选择和政治设定。

丧葬服饰体现出重伦理、讲孝道的宗法精神和血脉亲情。

祭祀服饰形制，与儒家自然观相互依存，遵从中华服饰的典型结构。

明清山东礼仪服饰集礼仪和服饰习俗于一体。与日常服饰相比较，礼仪服饰的象征意义远大于其审美意义，服饰特征也相对稳定，更能集中反映出明清山东社会的审美观和价值观。本章结合实物与文献资料对婚礼仪、丧葬礼仪、祭祀礼仪相关的婚服、丧服、葬服、祭服的形制特征进行研究。以袍、袄、衫、褂、裙作为样本对其礼仪类型、穿着人群、服装形制、系合方式、礼仪场合等因素进行分析，具体服装形制的实物分析，包括样本类型及明细如表4-1、表4-2所示。

表4-1　明清山东礼仪服饰上装形制概况

种类	袍	袄	衫	褂
数量	26	5	2	3
礼仪类型	婚、葬、祭	婚、葬	婚、葬	婚、葬
朝代	明代、清代	清代	清代	清代
穿着人群	女性/男性	女性	女性	男性
形式	宽衣大袖	宽衣长袖 衣长过臀	宽衣长袖 衣长过臀	宽衣长袖 衣长至膝
领	圆领	立领 领高2~5cm	立领 领高2.5~5.5cm	立领 领高3.5~5.5cm
襟	右衽	右衽	右衽	对襟
袖	宽袖 袖口宽 63~67cm 通袖长 211~242cm	宽袖 袖口宽 40~57cm 通袖长 139~187cm	宽袖 袖口宽 63~67cm 通袖长 211.5~242cm	宽袖 袖口宽 27~28.3cm 通袖长 176.5~180cm
开裾	左右或左右前后	左右	左右	左右
系合方式	系带、鎏金铜扣	铜扣、盘扣	铜扣、盘扣	盘扣

本书立足实物分析，以山东博物馆、孔子博物馆、青州博物馆、江南大学民间服饰传习馆、私人收藏家等所收藏的来自明清山东地区的礼仪服饰品，包括男女婚服、葬服、祭服。由表4-1可以看出明清山东礼仪服饰上衣

多以袍、袄、衫和褂为主，男性通常穿袍和褂，女性穿袍、袄或衫，服装呈现出衣身及袖型相对宽大的特征。袍多为圆领右衽，这也充分体现出明清山东礼仪服饰尊重传统以右为大的特点。袄、衫、褂为立领。系结方式有系带和系扣两种。由表4-2可以看出女性下装多穿各类裙子，如百褶裙、马面裙、凤尾裙等，清代开始除裙装之外也选择穿色彩艳丽的裤子。男性也以裤装为主。

表4-2 明清山东礼仪服饰下装形制概况

种类	百褶裙	马面裙	凤尾裙
数量	3	11	7
礼仪类型	婚、丧	婚、丧	婚、丧
朝代	明代	明代、清代	明代、清代
穿着人群	女性	女性	女性
形式	一片式	两片裙幅相互交错缀于腰头	由多条彩色裙片连缀于腰节上排列组成
长度	88cm	88～96.5cm	81～90cm
腰围	60～120cm	55～130cm	42～53cm
系合方式	围裹	围裹	围系

第一节　明清山东婚服形制

明清山东婚服作为地域礼仪服饰的典型代表，其形制蕴含着深厚的礼仪文化内涵，传达出喜庆吉祥之意，是一种伦理选择和政治设定。

一、明代山东婚服形制

明代婚服在恢复中国传统婚服形制的基础上，形成了独具特色的服饰风格，为后世婚服形制奠定了基础。明代山东婚服中穿着最为普遍的当属袍服，其形制与结构体现着时代的服饰风尚。本节以山东曲阜孔子博物馆所藏的传世四兽红罗袍作为实物样本，如图4-1、图4-2所示。

▲ 图4-1 明代四兽红罗袍

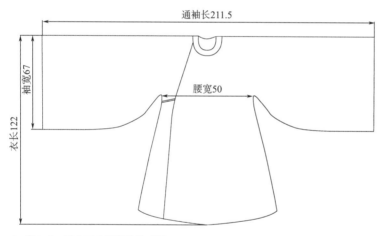

▲ 图4-2 明代四兽红罗袍款式图

　　从数据记录、分析的角度，对袍服的领、襟、袖、衣身结构所具有的特点分别进行分析研究，如图4-3所示。四兽红罗袍的形制为圆领，大襟，袖宽三尺，上下连属。袍服前后衣片连裁，右前衣片A与右后衣片C沿肩部对折，中间不破缝。左前衣片B与左后衣片D对折。C与D缝合，前襟E单独裁剪并与左前襟进行拼接。前襟E上的系带分别系于领子和衣襟，右前衣片

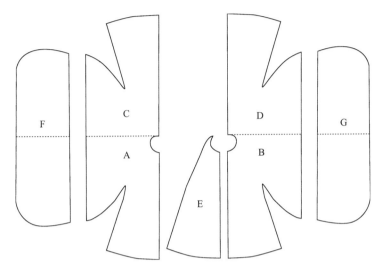

▲ 图4-3　明代四兽红罗袍结构图

A上同样装有系带,系结于右腋下。袍服领口有沿边,衣身饰云肩纹、通袖襕、膝襕纹样。云肩纹内绣有麒麟和獬豸、狮、小麒麟等,另有寿山福海等吉祥纹样装饰其中。袖襕、膝襕用彩绣装饰不同姿态的麒麟纹样。可以看出明代山东婚服沿袭了中国传统的平面裁剪程式化原则,结构规整。基于面料幅宽拼接、中心破缝裁剪,衣袖连裁,无起肩和袖窿部分,穿着之后两袖沿着肩部自然下垂,廓型宽松,袖长过手。这与明代大力弘扬儒家思想、恢复汉民族文化传统有很大关系。

二、清代山东婚服形制

清代不同民族文化的交流与融合造就了礼仪服饰恢复满汉融合的结构特点。它们犹如星汉璀璨,虽各有特色,却共同坚守着华夏服饰谱系中的"十字形"结构这一特征。本节以山东博物馆藏清代蓝绸蟒袍和江南大学民间服饰传习馆所藏的清末山东地区绣花袄作为清代山东婚服实物样本进行研究。

清代男性婚服为圆领、大襟、右衽、窄袖、有开裾或五开裾。如图4-4～图4-6所示，其结构为左右衣片前后通裁，右前衣片A与右后衣片

▲ 图4-4　清代山东蓝绸蟒袍
（山东博物馆藏）

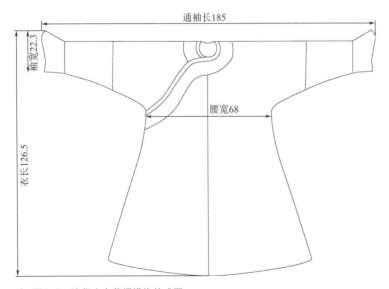

▲ 图4-5　清代山东蓝绸蟒袍款式图

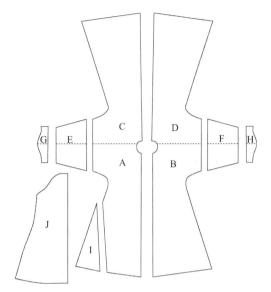

▲ 图4-6 清代山东蓝绸蟒袍结构图

C在肩部对折。左衣片B和D的裁剪同右衣片一致。左右袖子由接袖（E、F）和马蹄袖端（G、H）组成。下摆衣角I与右衣片拼缝。门襟J与右衣片连接，系扣于领部。尽管在服装结构细节方面较明代有了变化，但是结构主体依然保持着明代袍服的基本特征。同时，自清代开始，系带逐渐被纽扣取代。

袄是清代山东女性婚服之一。其形制为立领、大襟、右衽、大袖。衣片为上下连裁，前后对称或左右对称。衣长至大腿中部，左右两侧开衩，后衣片中间破缝。如图4-7~图4-9所示，A和C分别为右前衣片和右后衣片。B和D分别为左前衣片和左后衣片。H为门襟，E和F分别为袖口。下摆衣角G与右衣片拼缝。

领、襟、左右开衩及下摆等衣缘处镶有装饰边。领缘与衣襟和下摆处均有精美刺绣装饰。领座无装饰，衣身有暗花，衣襟为琵琶襟，并绣有牡丹、

▲ 图4-7　清代绣花袄
（江南大学民间服饰传习馆藏）

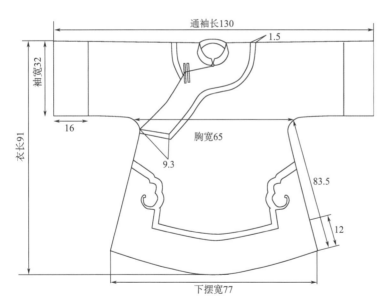

▲ 图4-8　清代花袄款式图

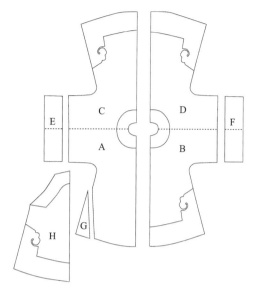

▲ 图4-9　清代花袄结构图

花卉和蝴蝶。所有纹样均以中线为基准呈对称分布，左右袖口为黑色并饰有彩色花卉及绿叶。

第二节　明清山东丧服形制

丧服根据亲疏远近来决定所穿丧服的等级，体现出以父系为本的宗族体系。山东自古重伦理、讲孝道。丧服中体现宗法精神和血脉亲情。

一、明代山东丧服形制

明代山东受儒家思想影响深远，丧服尊重传统礼仪，恪守五服制度的要求保留了丧服的基本形制特征，即对襟，衣长过腰，接缝向外。后衣片缀有方形负版。胸前缀有一块长六寸、宽四寸（长约13.8cm、宽约9.2cm）的麻布，表明子丧父母有摧心之痛。在衣领正中向下剪四寸，再向左右两侧横剪四寸，再将所剪部位麻布向外翻折覆盖于肩部。在前襟左右肩各一，后襟左右肩各一，共四片辟领。以明代斩衰为例，斩衰裳由七片组成，即前裳三片后裳四片，如图4-10所示。斩衰裳的这种结构源于道家讲究的阴阳之数，即三为阳数、四为阴数。

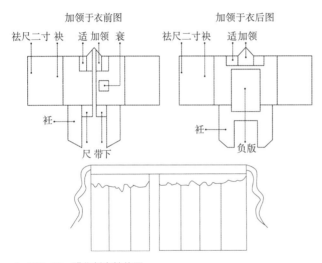

▲ 图4-10 明代斩衰结构图

二、清代山东丧服形制

清代山东丧服从哀的情感诉求出发，表达对父母亲人的哀思以及与亲人之间的远近亲疏，反映出对地域礼俗的传承。清代山东丧服传承了明代丧服的形制特征，衣袖以二尺二寸宽的整幅布围绕前、后襟缝成一体。仅腋下至袖口缝缀一条。衣袖的长度、宽度均为二尺二寸。袖子宽度以衣襟宽度来调节，丧裙长短则依据人体高矮来调节。前后腰际下缝缀有"衣带下"，即一块宽约一尺的麻布，两旁缝有衽，前短后长，形状如燕尾，掩盖裳的两侧。

第三节　明清山东葬服形制

明清山东葬服蕴含着深厚的民俗文化内涵，形制、面料、色彩和纹样既是山东地域物质文化发展的产物，又与宗教信仰紧密相连。

一、明代山东葬服形制

本书中明代山东葬服以山东邹城出土的明代鲁荒王朱檀墓中的黄色四团金龙纹织金缎袍为标本展开研究，如图4-11～图4-13所示。

此件袍服是朱元璋第十一子朱檀的葬服，应为亲王葬服。葬服款式为圆领、右衽、窄袖、直身，具有明代礼服的典型特征。衣长130cm，通袖长220cm，领围44.5cm，袖口宽15cm，下摆宽138cm。葬服采用通裁形式，衣片以肩部为中心前后对称，如结构图中A、C，B、D所示。左前衣片B与左后衣片D以肩部为中线呈前后对称。右前衣片A与右后衣片C通裁，前后对称。左后衣片D与右后衣片C进行拼缝，因此衣身后面并非整幅。门襟J与左

▲ 图4-11　黄色四团金龙纹织金缎袍

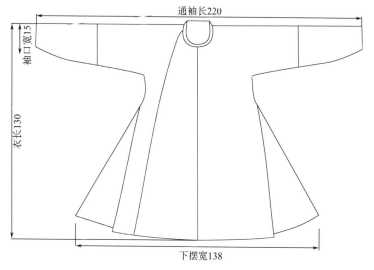

▲ 图4-12 黄色四团金龙纹织金缎袍款式图

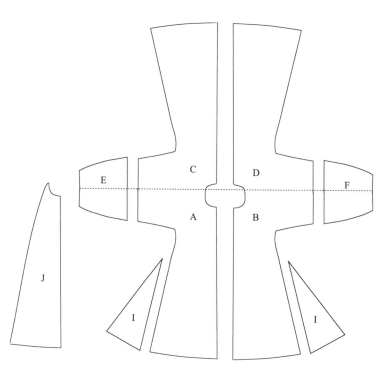

▲ 图4-13 黄色四团金龙纹织金缎袍结构图

衣片B拼缝，J的外侧有系带从领下系到腋下，共三对。葬服前后胸及肩部装饰有四团云龙戏珠纹，胸前、后背为升龙，肩部为降龙。明初，朱元璋建立起具有尊卑有序、贵贱分明的服饰制度，服装形制大力恢复汉民族传统并加以创新。

二、清代山东葬服形制

清代山东各府方志都有关于丧葬礼仪的记载，各地的葬服多视财力而为、没有明显的区域性差异。清代山东葬服表现了以"孝"为先的地域认同，反映出了人们对于丧葬古制的尊崇和对死亡的敬畏，而且通过"衣衾"来划分身份的高低贵贱，从某种角度反映出社会价值观。清代山东男性葬服受服制，为袍与褂相搭配。女性葬服大体沿袭晚明服饰。本书以山东沂南河阳清代刘氏家族墓出土的花蝶纹暗花夹袍、团五蝠捧寿纹暗花绫补褂为研究标本。

花蝶纹暗花夹袍其形制为圆领、大襟、右衽、直身、窄袖。袍服衣长130cm，领高6cm，领口宽15.5cm，通袖长210cm，袖端呈马蹄状，下摆宽125cm。袍服上蟒纹分布均匀，正蟒纹较大，蟒身正坐，眼神直视前方；行蟒纹较小，蟒似游走，富有活力；三个品字形蟒纹所占面积基本相等。领口部位行龙盘踞周围；马蹄袖正面各有行龙一条，周围卷云围绕；平水纹翻卷，所占面积较大；立水纹曲折粗厚，如图4-14～图4-16所示。

团五蝠捧寿纹暗花绫补褂的形制为圆领、对襟、衣长过膝但短于袍服，左右及后片各开一裾，前襟上有五对扣襻。袖子宽大，长及肘部，袖口平齐，如图4-17～图4-19所示。

▲ 图4-14　花蝶纹暗花夹袍正面

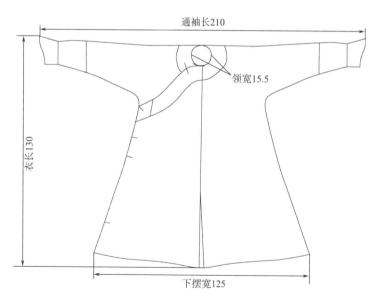

▲ 图4-15　花蝶纹暗花夹袍款式图

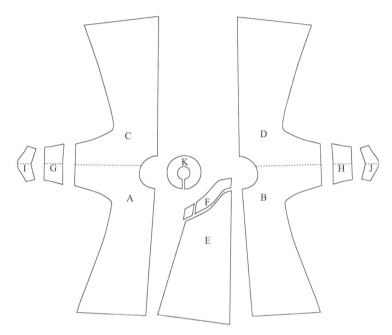

▲ 图4-16 花蝶纹暗花夹袍结构图

▲ 图4-17 团五蝠捧寿纹暗花绫补褂

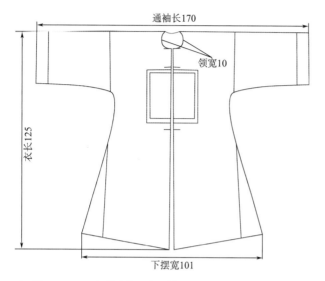

▲ 图4-18 团五蝠捧寿纹暗花绫补褂款式图

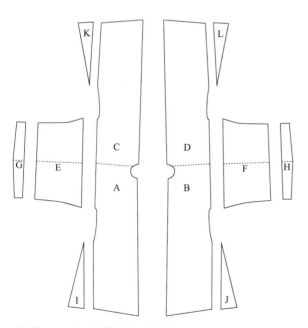

▲ 图4-19 团五蝠捧寿纹暗花绫补褂结构图

第四节 明清山东祭孔服饰形制

明清山东祭孔服饰形制遵循礼制，但也具有典型的时代特色。献官的祭服形制和朝服相同。

一、明代山东祭孔服饰形制

明代阙里祭孔中献官礼服为赤色罗朝服，本书以孔府旧藏赤罗衣裳为研究标本，如图4-20～图4-25所示。

▲ 图4-20 赤罗衣
（孔府旧藏）

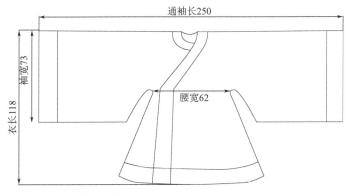

▲ 图4-21 赤罗衣款式图

▲ 图4-22 赤罗裳

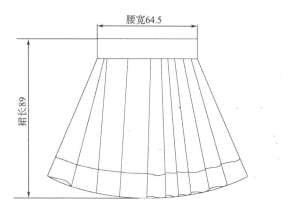

▲ 图4-23 赤罗裳款式图

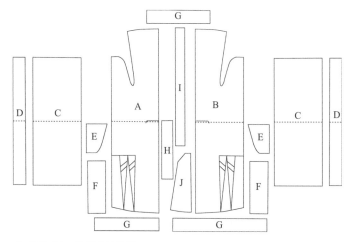

▲ 图4-24 赤罗衣结构图

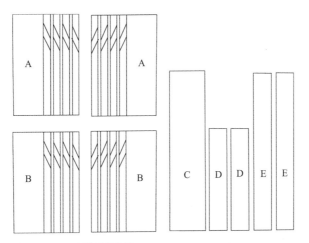

▲ 图4-25　赤罗裳结构图

　　赤罗衣的形制为交领、大襟、右衽。衣长118cm，通袖长250cm，领宽13cm，袖口宽73cm，腰宽62cm。其中领、襟、袖和下摆分别由I、H、D、G构成，均饰有四寸宽的青罗衣缘，青缘宽15cm。赤罗衣由四幅衣片组成，即A、B。前衣片与后衣片通裁。领子I用斜裁，缝制在衣片上。前衣片腋下有两个宽约8cm褶裥，并缀有下摆接片F。衣襟G与左衣片缝合，并系带于右腋下用于固定。袖片C与袖缘D分别与左右衣片A和B拼接。衣身纳褶，余量绕于身后。

　　赤罗裳裙长89cm，腰围129cm。由两幅裙片组成，即A和B。缀以腰头C。每幅裙片用两片面料相互重叠缝制，分别有八个褶裥，每个褶裥均大而疏，裙片在腰部中间无褶。明代赤罗衣裳为"上衣下裳"制，以"上红下红"的颜色寓意"和"。

二、清代山东祭孔服饰形制

　　清代山东舞生祭服为红色素地、无暗花、无装饰。祭服蕴含礼服的性质，庄严肃穆，以示虔诚。款式为圆领、大襟、右衽、窄袖、直身、四开裾长袍，它取代了明代祭孔服饰的宽衣大袖，颇具清代服饰特征，如图4-26、图4-27所示。其形制结构采用上下通裁，右衣片A、C前后相连，左衣片B、D亦如此。袍服背后衣片缝合，左前衣片B与门襟J缝合，下摆衣角I与右衣片拼缝。领襟未涉及"顺襟""错襟"，而是采用无镶边并用衣身相同面料绲领口，与盘扣搭配，如图4-28所示。

▲ 图4-26　清代舞生红绸袍
　　（山东博物馆藏）

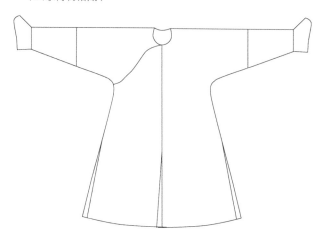

▲ 图4-27　红绸袍款式图

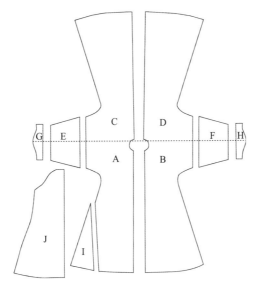

▲ 图4-28　红绸袍结构图

　　通过对明清山东婚服、丧服、葬服和祭服中的袍和袄的形制特点研究发现，礼服均采用"上下通裁"的方法进行裁剪。即袍服前面衣片与后面衣片以及袖子通过一块布幅进行裁剪，中间不分开，完全没有省道的设计，且前后对称，左右也对称，裁制后的布片呈现出平面"十"字形，没有任何接缝，因此最大限度地保留了布片的完整性。"十字形"平面结构是古代服饰所普遍具有的基本形态特征，它严格遵从中华服饰的典型结构。不力求展现身体的自然立体之美，而是以衣裳自然悬垂的线条代替人体本身的曲线。它与儒家思想"天人合一"的自然观互相依存，保留了中国古代讲求含蓄、古朴、飘逸，这种内敛与含蓄也是中国古代服饰礼仪思想的表达。尽管民族更迭、朝代转换，"十字形"平面结构的古老基因历经千年，坚韧地传承着。这一具有历史传承和结构一致的特点，将古代服装形制推向极致也送入了历史，成为明清山东礼仪服饰结构最后的守望者。

第五节　明清山东礼仪服饰局部造型特征

相对于"主体"衣身结构而言，"局部"结构是指袖、领、门襟等。"主体"结构相对"静止"，而"局部"结构则更加"多变"。本节以山东省博物馆、孔子博物馆、江南大学汉族民间服饰传习馆、私人收藏家李雨来先生的收藏品作为研究标本，针对明清山东礼仪服饰中的领襟、弓鞋、袖型等形制进行研究。

一、崇儒家彰礼乐的领襟与弓鞋造型变化

礼仪服饰的造型史也是衣襟的演变史。领与襟是礼仪服饰的标志性特征之一，为礼文化的研究提供了物态线索。明清山东礼仪服饰除在形制结构方面有共同性之外，领子与衣襟的组合也是款式多样。根据传世、出土及收藏的山东礼仪服饰形制分析，分为交领大襟、圆领大襟、立领斜襟和立领对襟，如表4-3所示。

表4-3　明清山东礼仪服饰领襟形式

领襟形式	服饰名称	实物图片
交领大襟	茶色罗织金蟒袍	
圆领大襟	紫绸蟒袍	

领襟形式	服饰名称	实物图片
立领斜襟	彩绣红绸袄	
立领对襟	蟹青绸长衫	

交领与大襟具有中国古代传统礼仪服饰的基本特征。交领大襟通常出现在袍服当中，经过衣襟的左右围裹使领子与衣襟相互交叠，如图4-29所示。由于穿着过程中存在颈部和胸部容易褶皱、不服帖等问题，因此逐渐演变为内衫的形式存在。以孔府旧藏的明代白纱中单为例，中单为交领大襟，与之搭配的是圆领袍服，中单作为内衫穿在里面只露出领子，外面由圆领衬托，能够凸显着装者的颈部更加修长。这种交领大襟逐渐变为与其搭配穿着的内衣形式存在。

圆领大襟是由圆形领座与交领大襟相互融合之后而产生的另一种新的结构，如图4-30所示。在明代，圆领大襟作为礼仪服饰和官袍得到普遍使用。

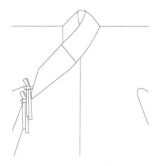

▲ 图4-29 交领大襟结构图

▲ 图4-30 圆领大襟结构图

明代山东婚服、葬服和祭服中多是交领大襟在内，圆领大襟在外的搭配形式。在孔府收藏的清代礼服中以圆领大襟作为等级高的袍服穿在外面，交领大襟的中单作为等级低的内衣穿在里面，依然为数众多。

立领是明代山东礼仪服饰中典型的领型之一。根据领与襟的相互关系，将明代礼仪服饰分为立领斜襟与立领对襟，如图4-31、图4-32所示。

立领斜襟由领座与衣襟相结合，领座围裹颈部以扣子系合；衣襟偏向右侧，以带子系合。这种领型不仅凸显了挺拔、修长的颈部线条，同时又使衣襟与领部均服帖，体现出典雅、大气的着装风貌。

立领对襟同样由领座与衣襟组成。与立领斜襟所不同的是，衣襟沿领部垂直向下，以衣片中间为基准左右对称开合。这种领襟结构在围裹颈部的同时，也保持了服装的完整和对称性。在明清山东的画像当中有大量穿立领对襟和立领斜襟的礼仪服饰出现，如图4-33、图4-34所示。

可见，明代山东礼仪服饰中领与襟的造型变化意在表现穿着者挺拔、端庄的形象。清代山东礼仪服饰不仅延续了明代圆领大襟的形制还增加了穿在袍子外面的罩褂，因此圆领对襟应运而生。对襟兴盛于唐宋。所不同的是，唐代及宋代对襟的领子是直领，而清代对襟的领子为圆领。在所研究的服饰

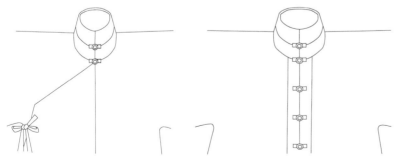

▲ 图4-31　立领斜襟结构图　　　　▲ 图4-32　立领对襟结构图

▲ 图4-33 立领对襟服装　　　　　　　▲ 图4-34 立领斜襟服装

中，清代衍圣公及夫人肖像均为圆领斜襟在外，圆领对襟在内的搭配方式，如图4-35所示。在礼制上圆领对襟与圆领大襟也有各自尊卑不同的命运，圆领斜襟的礼仪级别高于圆领对襟。

▲ 图4-35 清代衍圣公及夫人肖像

弓鞋是明清山东女子礼仪及日常所穿着的鞋子。由于明清山东社会对理学思想的强烈推崇导致贞洁观占据了女性的思想，不仅有三纲五常的道德观念还有繁文缛节的礼仪规范加以制约，"克己复礼"被上升到"理"的高度。按照"理"的要求循规蹈矩，守己安分，缠足备受推崇。方绚撰写的《香莲品藻》一书，写到香莲五观为："临风；踏梯；下阶；上轿；过桥。"在世人的推崇和文人辞赋的鼓吹下，缠足成为时尚。弓鞋的结构特征也从一个侧面体现出理学思想在明清不同时代的影响。明、清时期山东女性缠足的方法是将拇趾之外的四个脚趾用力向脚底弯折，之后用布将脚部缠紧，阻止骨骼继续生长，随着骨骼折断，皮肤、肌肉溃烂，其过程极其痛苦，直到将双脚裹成形如柳叶的狭窄瘦削形状为止，如图4-36所示。弓鞋的形状与缠足的形状相吻合。

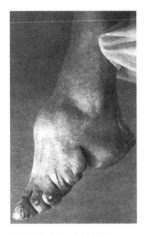

▲ 图4-36 女性缠足

根据明清两朝"寸"与现代计量单位"厘米"进行换算，如表4-4所示。明代一寸约合现代3.400cm；清代一寸约合现代3.556cm，因此明代三寸长度约为10.2cm，清代约为10.7cm。与此相对应的弓鞋长度在10~12cm。

表4-4 明清寸与厘米换算表

朝代	一寸	三寸
明代	3.400cm	10.2cm
清代	3.556cm	10.7cm

通过对江南大学民间服饰传习馆藏山东地区清代弓鞋进行实物测量可知，弓鞋的鞋长在14~16.5cm，鞋宽在4~5.6cm，鞋底包括平底、弓底和桥

底三种，以平底居多。鞋面为丝绸或棉布，色彩饱和度高，以红色、蓝色、紫色、绿色出现较多，也有黑色鞋面搭配彩色刺绣花卉。

从弓鞋的结构分析，假设将鞋底长度设置为a，鞋底宽度设置为b，在鞋底长度a不变的前提下，b的数值越大，那么鞋头至鞋跟便会呈现出饱满、缓和的弧度。而当b不变的前提下，如果a的数值越大，意味着鞋头至鞋跟过渡的弧度将愈发近似于直线，如图4-37、图4-38所示。

明清山东社会弓鞋形制要求十分严苛。在色彩方面，婚丧礼仪中所穿弓鞋的色彩多为红色、蓝色、紫色，而黄色却是百姓的禁忌色彩，很少使用。装饰方面也多装饰绒球、铜铃及刺绣吉祥图案。

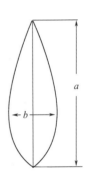

▲ 图4-37　弓鞋鞋底结构（一）

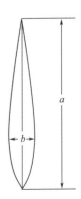

▲ 图4-38　弓鞋鞋底结构（二）

二、内省与扩散下的袖型变化

明清山东礼仪服饰中的袖型结构塑造出着装者自然圆滑的肩部轮廓，传达出典雅、优美的特征。从收藏的礼仪服饰中可以看出，明代礼服袖子的变化呈出袖底线由直到曲的变化特征，不同时期袖型变化明显。明代初期及中期（1368～1521年）多为窄袖，其特征为大袖窿，袖底线偏直。发展至明代后期（1507～1644年），袖子日渐宽大，袖底弧度愈发宽大，此时的袖子最宽处可与衣身一样长，达到四尺有余，约120cm。袖子随着时代的发展逐渐变宽，到明末变为大袖，如表4-5所示。

表4-5　明代山东礼服袖型结构演变

时间	袖型实物图	袖型结构图
明初期		
明中期		
明中后期		
明末期		

清代山东礼仪服饰的袖子与明代相比明显窄了许多，改变了宽衣大袖的风貌，变成了细、窄的"马蹄袖"。由于满族入关之前是游牧民族，为了行动自如且保暖，便形成了独具特色的袖型。马蹄袖包括大袖、接袖和袖端。大袖是指肩部至肘部的部分。袖端为袖子的最前部，由于袖口形似马蹄，被称为"马蹄袖端"。大袖与袖端之间的部分称为接袖，如图4-39、图4-40所示。

　　马蹄袖在清初比较窄小，这是由于满人刚刚入关，服饰还保留骑射特征。清中期以后，社会处于转型时期，变动相对激烈，为适应政治形势同时追求舒适闲散的生活，道光年间开始，袖口逐渐加宽，从最初的18～20cm发展到30cm甚至40cm。山东所藏的清代礼仪服饰中的马蹄袖型由窄变宽、装饰性增强，反映出了满汉服饰文化的彼此交融，如图4-41～图4-43所示。值得注意的是，这种有马蹄袖的礼仪服饰要求所有官员穿着，包括汉族和满族。而汉族官员的妻子、母亲则依然可以穿着具有明代礼仪服饰特征的大袖吉服，不必穿马蹄袖。因此，在肖像画和传世实物中命妇的礼服袖子依然宽大。

▲ 图4-39　清代马蹄袖

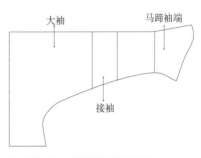

▲ 图4-40　马蹄袖结构示意图

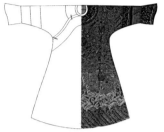
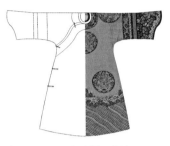

▲ 图4-41　清早期马蹄袖　　　▲ 图4-42　清中期马蹄袖　　　▲ 图4-43　清后期马蹄袖

三、以造型为导向的装饰结构

服饰的结构线在连接衣片的同时也会留下拼缝的痕迹。清代山东礼仪服饰中的装饰多以结构为依托勾勒出服装的轮廓，同时恰到好处的掩盖了线迹，赋予礼仪服装更多美感。纵观明清山东礼仪服饰，这种结构与装饰同行的特征在袄和裙上面均有体现。

袄是清代山东女性礼仪服饰中穿着较为普遍的上衣，其形制与结构体现出当时的服饰风尚。明清山东的很多风俗画、版画中均有女子着袄的装扮。通过对江南大学民间服饰传习馆收藏的清代山东地区女袄进行测量及数据采集，如表4-6所示。女袄款式为立领、右衽、大襟、有里襟，盘扣五粒。

表4-6　清代山东女袄测量数据　　　　　　　　　　单位：cm

清代女袄	衣长	通袖长	袖宽	腰身	下摆	领高
样式一	90	144	32	67	82	3
样式二	100	148	32.2	70	89	3.5
样式三	91	150	32	60.5	78	3
样式四	94	150	32.5	69	82	3
样式五	93	149	32.5	69	80	2
样式六	89	142	33	66	79	3

清代山东女袄的前后衣片与肩连裁。无起肩和袖窿部分，袖长过手，采用接袖结构，沿结构线拼接，领口用刺绣装饰。袖口绣有植物纹样。两侧有低开衩，下摆底线采用弧形，下摆比腰身宽，两侧呈八字形。穿着时两袖沿着肩部自然下垂，如图4-44、图4-45所示。衣襟边缘呈曲线形。琵琶襟与明代服饰有了较大不同，改变了对襟的对称结构分割，形成了兼具婉约与均衡的结构特点。

明清山东礼仪服饰中的马面裙也具有装饰依附于结构线的特点。以孔府旧藏明代马面裙为例，如图4-46、图4-47所示，马面裙用7幅布幅，每3.5幅

▲ 图4-44　清代山东女袄

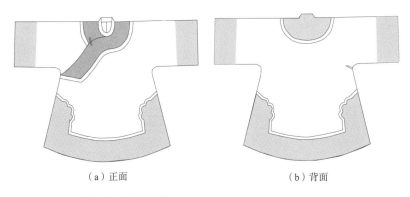

（a）正面　　　　　　　　　　　　（b）背面

▲ 图4-45　清代山东女袄结构图

▲ 图4-46　明代山东马面裙
（孔府旧藏）

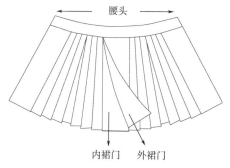

▲ 图4-47　明代山东马面裙结构图

拼成一片裙幅，两片裙幅围合成裙子；裙子前后叠合，两侧有褶裥，褶裥大而疏，用与裙身不同色彩和质地的裙腰固定，裙腰两端有系带；裙摆宽大，摆幅上用织或绣的形式缀饰底襕和膝襕。

　　清代山东以汉人为主，所以女子礼服中裙子的款式传承明代。裙门、下摆镶彩绣绦边，两侧镶压浅红缎襕条，裙下部打籽绣、平绣花卉、凤凰、江水海崖图案，寓意太平富贵。与明代不同的是马面和裙襕的装饰更加丰富多元。以江南大学民间服饰传习馆收藏的清代山东地区的马面裙为例，如图4-48、图4-49所示，裙子由红色缎面、深红色绸里、白布接腰组成。裙子由4幅长度78cm，宽29～53cm的裙片组成。每两幅小裙片组成一幅长78cm、宽82cm的大裙片，再将两幅大裙片相互重叠缝制，用长124cm、宽25cm的棉布做腰头。中间部分以绸缎做成细条镶嵌，进行视觉分割，分割后的每幅裙片均用凤戏牡丹和海水江崖纹进行装饰。由实物分析可知，明清山东马面裙有着明显差异，首先明代马面裙的褶裥大而稀疏，清代则没有褶裥，裙片之间相互叠合增加裙子的层次感。其次，明代裙子上装饰有膝襕和底襕，清代裙子则将马面置于中间，裙襕在左右两侧呈对称分布。侧面看过

▲ 图4-48 清代山东马面裙
（江南大学民间服饰传习馆藏）

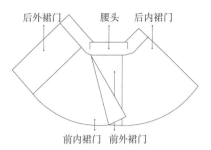

▲ 图4-49 清代山东马面裙结构图

去，裙子的褶裥又以侧缝线为轴心呈对称分布。整体呈现出端庄、娴雅、持重的穿着效果。通过明清山东地域的袄和裙为例进行分析可知，没有结构的分割便没有礼仪服饰的华美装饰。服饰通过装饰勾勒出结构轮廓，而非单纯地为了装饰而进行装饰。

第六节 本章小结

本章探究了明清山东婚礼服、丧服、葬礼服、祭祀礼服的形制以及领襟、袖型、弓鞋等形制，得出结论如下：

（1）明清山东婚服形制在五百余年的变迁中始终遵循汉民族上衣下裳的传统着装形式和平面式的剪裁方法，这种协调有序体现出山东礼仪服饰的造型之美。

（2）明清山东丧服形制变化相对缓慢，在坚守五服制的同时呈现出日趋简化的趋势。葬服多为同时代的礼服，其形制特征以传统平面十字形结构为主。衣片以肩部为中心线，呈现出前后、左右对称的形制特点，并依据布幅的宽度进行裁剪，体现出对传统形制的坚守。明代的宽衣、大袖与清代窄衣、小袖的形制证明了明代恢复华夏汉民族服饰传统与清代满汉融合背景下的服饰形制存在差异性。祭祀服装属于彰显礼乐规制的礼仪服装，因此对于地域民俗特征不加以强调。

（3）明清山东礼仪服饰的袖型变化呈现出明代宽衣大袖，清代衣袖较窄并有马蹄袖端。女性婚服的袖长逐渐变短，袖型呈现出由宽到窄又逐渐变宽的变化，男性婚服由长袍演变为清代长袍搭配马褂。明清山东礼仪服饰的造型变化体现出民族交融过程中满汉服饰元素的相互渗透以及山东地域对人生重要节点中礼仪的重视、对亲情的依恋、对幸福的祈盼。

第五章

明清山东礼仪服饰色彩

礼仪服饰色彩呈现出别具一格的时代审美与地域民俗特质。

婚服尚红，富丽华美，具有重要的标志性符号意义。

丧服尚白，展现对逝者的哀悼与敬畏之情。

葬服色彩浓艳，高饱和度的彩色对比体现在图案色、底色与衣缘之间。

祭服色彩体现出慎终追远、庄严肃穆的人文情感。

明清山东礼仪服饰色彩是时代审美思想与地域民俗的有力呈现，蕴含着独具特色的物质属性和精神内涵。除丧服为无彩色以外其他均为有彩色，且呈现出绚丽多姿的色彩特征及别具一格的时代特色。本书将婚服、丧服、葬服及祭服为代表的礼仪服饰色彩分为主色、纹样色、辅助色。首先通过Datacolor 650测色仪获取服装色彩的RGB值；然后在HSV颜色模型中进行数值标注；再从色相、饱和度、明度方面对礼服底色及纹样色彩进行数据分析。通过研究不同类型礼服的色彩意蕴与构成、明清礼服色彩差异、图像分析，管中窥豹地剖析礼仪服饰色彩的时代特征与地域特色。

第一节　礼仪服饰色彩模型构建

本书采用HSV颜色模型进行色彩标识。HSV（Hue-Saturation-Value）是根据颜色的直观特性用六角锥体模型表示的颜色空间。其均匀的颜色空间呈现出色相和饱和度占比与人的眼睛感受颜色的方式密切关联，而明度占比与图像的彩色信息并无关联。为了便于色彩处理和识别，依据HSV颜色空间的表示方法，将色相（Hue）、饱和度（Saturation）和明度（Value）用倒圆锥体来表示，如图5-1所示。

其中色相H表示不同的色彩，它沿着顺时针角度（0°～360°）进行环形变化，0°对应的是正红色，60°对应黄色为最暖色，180°为青色，240°对应蓝色为最冷色，360°为品红色。饱和度S沿横轴中心向边缘变化，圆心处为0，边缘饱和度最大为100%。明度V沿纵轴变化，轴线从底部到顶部呈现由黑到白（0～100%）的明度递增。根据研究需要，本书将HSV颜色模型色相环细分为12等分度进行取值，即在原有6种基本色（红、黄、绿、青、

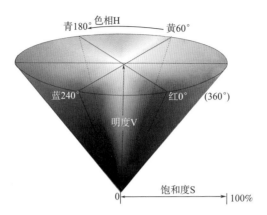

▲ 图5-1 HSV颜色模型

蓝、品红）基础上，分割出6种中间色（橙、黄绿、青绿、蓝青、紫、紫红），如表5-1所示。同时，将饱和度、明度数值按人的视觉差异进行平均划分，如表5-2、表5-3所示。

表5-1 色相区域划分

色相	数值（°）
红色	0 ~ 15；346 ~ 360
橙色	16 ~ 45
黄色	46 ~ 75
黄绿色	76 ~ 105
绿色	106 ~ 135
青绿色	136 ~ 165
青色	166 ~ 195
蓝青色	196 ~ 225
蓝色	226 ~ 255
紫色	256 ~ 285
品红色	286 ~ 315
紫红色	316 ~ 345

表5-2　饱和度区域划分

饱和度	数值（%）
低饱和度	0～33
中饱和度	34～66
高饱和度	67～100

表5-3　明度区域划分

明度	数值（%）
低明度	0～33
中明度	34～66
高明度	67～100

第二节　明清山东婚服色彩特征与构成

　　明清山东婚服中最具代表性的色彩当属红色。婚娶时，新娘身穿红色礼服，凤冠霞帔，新郎穿红色长袍。红彤彤的色彩颇具喜庆意味。红色是三原色之一，象征着幸福和喜悦，是一种积极的色彩，是波长最长的色光，穿透大气的能力最强。红色服饰的视觉冲击力强，由此上升为驱邪和祈佑的民俗心理特质。本书选取曲阜孔府旧藏的色彩丰富的明代山东婚服一件、清代婚服一件作为研究对象，进行色彩的集中统计和分析研究。

一、明代山东婚服色彩

　　通过对孔府旧藏的明代婚服进行色彩提取，运用HSV颜色模型对色彩数值进行标注，结果如图5-2、表5-4所示。

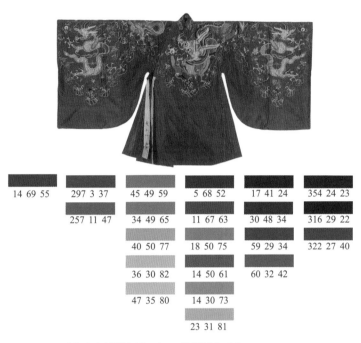

14 69 55	297 3 37	45 49 59	5 68 52	17 41 24	354 24 23
	257 11 47	34 49 65	11 67 63	30 48 34	316 29 22
		40 50 77	18 50 75	59 29 34	322 27 40
		36 30 82	14 50 61	60 32 42	
		47 35 80	14 30 73		
			23 31 81		

▲ 图5-2　明代山东婚服主要用色HSV数据采集示意

表5-4　明代山东婚服色彩分析

袍服名称	底色 HSV数值	图案色HSV数值
彩绣织金 蟒袍	红色： H（14） S（69） V（55）	红色系：H（5）S（68）V（52）；H（11）S（67）V（63）； 　　　　H（18）S（50）V（75）；H（14）S（50）V（61）； 　　　　H（14）S（30）V（73）；H（23）S（31）V（81）
		蓝色系：H（297）S（3）V（37）；H（257）S（11）V（47）； 　　　　H（17）S（41）V（24）
		绿色系：H（45）S（49）V（59）；H（30）S（48）V（34）； 　　　　H（59）S（29）V（34）；H（60）S（32）V（42）； 　　　　H（14）S（30）V（73）
		紫色系：H（14）S（30）V（73）；H（322）S（27）V（40）
		黄色系：H（34）S（49）V（65）；H（23）S（31）V（81）； 　　　　H（40）S（50）V（77）；H（36）S（30）V（82）； 　　　　H（47）S（35）V（80）

（一）明代山东婚服色相分析

通过对明代山东婚服进行色彩分析，由图5-2、表5-4可知，明代山东婚服的底色为红色，这是明代婚服的专属色彩。它象征着吉祥、喜庆，所占面积最大。图案所含色彩丰富，蓝色、绿色、黄色交替使用，在主图案蟒纹中黄色的使用较多，面积较大，属于强调色。其余色彩所占面积较小，起到点缀作用，如淡绿色、淡红色、淡蓝色等出现在主纹样周围。运用黄色、金色和绿色调和，生动展现出蟒纹、花卉、祥云、浪花的生动与活力。整件婚服正色、间色均有涉及，以正色为主，间色为辅。主图案由红色和黄色进行区域色彩表现，其余图案色彩多元，和谐却不繁乱，色调明快而统一。大面积主控色，配以次面积强调色，再由小面积色彩进行点缀，呈现华丽、威仪的色彩风貌。

（二）明代山东婚服色彩饱和度分析

依据色彩数据将明代山东婚服的测色数据进行饱和度区域划分，通过饱和度占比分布，可知低饱和度占比50%、中饱和度占比40%、高饱和度占比10%，如图5-3所示。

饱和度的占比分析既包括图案之间的分析也包括图案与底色之间的比较。婚服底色为高饱和度的红色，所占面积最大，视觉冲击力最强，而其他色彩集中在图案当中。图案中高饱和度的色彩仅有红色，占比10%；中饱和度占比40%，主要在主体图案的金色蟒纹、黄色蟒身和红色须发当中。占比最多的低饱和度色彩分布在祥云、花卉、枝叶当中，达到50%。通过饱和度占比分析，能够清晰地呈现出图案色与底色之间形成的强烈对比关系，体现出华丽的艺术特点。

（三）明代山东婚服色彩明度分析

将明代山东婚服的测色数据进行明度区域划分，如图5-4所示。在明度

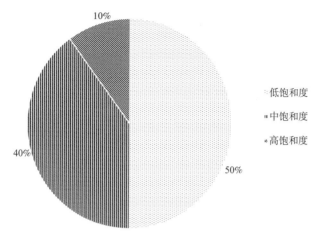

低饱和度

中饱和度

高饱和度

10%

40%

50%

▲ 图5-3　明代山东婚服色彩饱和度构成分布

比例运用方面，高明度色彩占比45%、中明度色彩占比50%、低明度色彩占比5%。婚服呈现出中高明度的色彩倾向。主图案中在高明度区间不同色彩交替使用，清浅明亮。如黄色系的高明度蟒纹以及少量绿色系的树叶和红色须发。低明度占比虽然只有5%，但是通过明度的高低变化，进行了色彩分割。如深蓝色的祥云、墨绿色的叶片、部分红色花朵的边缘和黄绿相间的水纹样当中，这种多种色彩的明度搭配，过渡自然而又清雅脱俗，呈现出明代婚服华美而雅致的风貌。由于蟒袍底色明度居中，而主体图案明度较高，整体凸显出底色与图案色之间明度的强烈对比。

综合明代山东婚服的色相、饱和度、明度等占比数据，通过分析可知，婚服的色彩较丰富，其中暖色系、中性色系、冷色系均有涉猎。婚服为正色，选用中明度、高纯度的暖色。婚服的纹饰色与底色对比强烈，纹饰色本身则以高饱和度、中明度的鲜艳色彩构成。邻近色和对比色较多则起到色彩分割的作用。明代山东婚服色彩整体呈现出和谐、统一、华丽的艺术特点。

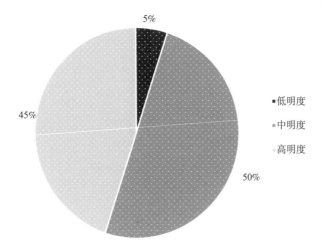

低明度

中明度

高明度

▲ 图5-4 明代山东婚服色彩明度构成分布

二、清代山东婚服色彩

本书选取清代孔府旧藏服饰中的紫绸蟒袍为清代山东婚服的代表。通过对婚服进行色彩提取，运用HSV颜色模型对色彩数值进行标注，结果如图5-5、表5-5所示。

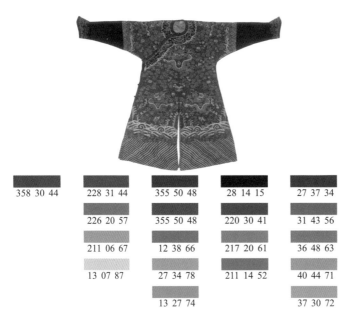

▲ 图5-5 清代山东婚服主要用色HSV数据采集示意

表5-5　清代山东婚服色彩分析

袍服名称	底色HSV数值	图案色HSV数值
紫绸蟒袍	紫色： H（358） S（30） V（44）	蓝色系：H（228）S（31）V（44）；H（226）S（20）V（57）；H（220）S（30）V（41）；H（217）S（20）V（61）；H（221）S（14）V（52）；H（211）S（14）V（52）；H（211）S（06）V（67）
		红色系：H（355）S（50）V（48）；H（13）S（27）V（74）；H（12）S（36）V（66）
		黄色系：H（31）S（43）V（56）；H（36）S（48）V（63）；H（40）S（44）V（71）；H（39）S（30）V（72）；H（27）S（37）V（34）
		绿色系：H（211）S（06）V（67）

（一）清代山东婚服色相分析

通过对清代山东婚服主要用色HSV数据采集示意图5-5和婚服色彩分析表5-5可以看出，清代山东婚服色彩丰富，涵盖蓝色系、红色系、黄色系和绿色系。图案色彩多元，分布在袍服前后衣片和袖子。色彩虽多，但由于采用对称形式，进行了左右、前后的平衡布局，因而在视觉上形成造型规范、格式统一的特点。这也充分表现出清代满汉文化相互融合后，婚服在保留汉民族五行五色观的基础上，融入了满族色彩缤纷的特点。

（二）清代山东婚服色彩饱和度分析

将清代山东婚服测色数据进行饱和度区域划分，如图5-6所示，对饱和度构成分布进行分析后得出低饱和度占比62.5%、中饱和度占比37.5%、高饱和度占比0。

婚服色彩的饱和度整体呈现出中偏低的倾向。衣身主图案中的黄色蟒纹、袖子中段的深蓝色接袖、领缘的黑色与深黄色等均属于低饱和度色彩，占比62.5%。婚服下摆处的立水纹、平水纹、蝙蝠、花卉等，由中饱和度的蓝色、红色和黄色组成，占比37.5%。婚服的底色是中低饱和度的紫色，这种色彩大面积出现，表现出柔和、含蓄的品质感，配以白色、青色、深绿、翠绿、湖蓝等单色的祥云、花朵、叶片点缀其中，图案色彩作强调色，黄色与绿色交替使用，以邻近色表现图案的细节。婚服整体色彩明快，中性色分割有序，织物的图案生动，使得整件婚服体现出明丽古雅、轩昂庄严的气势。

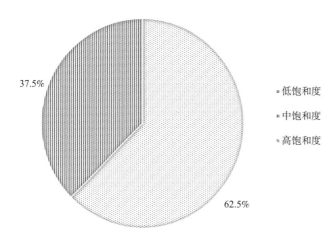

37.5%

■ 低饱和度
▥ 中饱和度
▨ 高饱和度

62.5%

▲ 图5-6　清代山东婚服色彩饱和度构成分布

（三）清代山东婚服色彩明度分析

　　将清代山东婚服的测色数据进行明度区域划分，如图5-7所示。对明度构成分布进行分析可知，中明度色彩占比56.2%，高明度色彩占比43.8%，低明度色彩占比0。

　　在明度比例运用方面，清代山东婚服的色彩倾向为中高明度。中明度集中出现在织绣图案当中，包括衣身中主图案周围的蓝色云纹、红色花卉、绿色枝叶等，就明度而言均高于底色明度。高明度色彩包括处于显著位置的金色主图案蟒纹，以及袍服下摆蓝白色相间的江水海崖纹、接袖内侧的水纹和琵琶襟边缘的绿色、白色。由此可见，在中明度底色的衬托下婚服中高明度色彩起到了分割和凸显主体图案的作用，使视觉焦点易于集中。规避了图案繁复、堆砌带来的纷乱感。服装呈现出以中明度为主导的弱对比的明度关系，整体明度和谐，彩色更加靓丽。

综合清代山东婚服的色相、饱和度、明度等占比数据，通过色彩数据的综合分析可知，婚服色彩以暖色为主，中性色系、冷色系多出现在配色中。图案色以明度较高、饱和度居中的色彩构成。图案色与袍服底色之间呈现出和谐的明度对比关系。中性色穿插在鲜艳色当中进行面积分割，整体色彩呈现出统一中见对比的和谐又韵律迭起的特征。表现出清代山东婚服富丽、繁复、华美威仪的风貌。

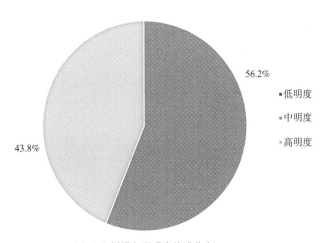

56.2%

■ 低明度

■ 中明度

▪ 高明度

43.8%

▲ 图5-7 清代山东婚服色彩明度构成分布

第三节　明清山东丧葬服装色彩特征与构成

明清山东丧葬服装分为丧服和葬服两种类型。山东丧服色彩蕴含着中国传统丧服中典型的"尚白"观念。丧服选用未经处理的麻布或棉布缝制，保留了面料最原始、自然的织物特征。明清时期的山东，老人去世后儿女都要穿着丧服，孝子头戴孝帽，孝女头系孝带。如黄县的孝服用白布做成。临朐孝子头系白色孝带，并戴牛头形的麻布帽，身穿白袍、白裤搭配白色坎肩，均不缉边。腰系麻绳，脚穿白鞋。丧服的肃穆色彩表达出对死者无限的哀思与追忆，展现了儒家礼文化的属性，是人们对生命价值和生活意义认识的反映以及物化形式的表现。由于丧服属于无彩色系，因此本书只探讨色彩意蕴，不运用HSV颜色模型进行具体数据分析。

明清山东葬服多选用鲜艳亮丽的色彩，如青色、湖蓝色、绿色、黄色等。在色彩运用时，采用对比搭配的方式，如蓝色袄与黄色裙的搭配，以及上衣或裤子边缘的黑色贴边与饱和的红色、绿色、蓝色等之间的无彩色与有彩色之间对比等。这种高反差、强对比的效果使人们在视觉上产生层次分明的节奏感。

一、明代山东葬服色彩

本书通过对明代山东葬服进行色彩提取，运用HSV颜色模型对色彩数值进行标注，结果如图5-8、表5-6所示。

（一）明代山东葬服色相分析

通过明代山东葬服主要用色HSV数据采集示意图5-8和葬服色彩分析表5-6可以看出，葬服色彩丰富，主要用色涉及冷色系、中性色系和暖色

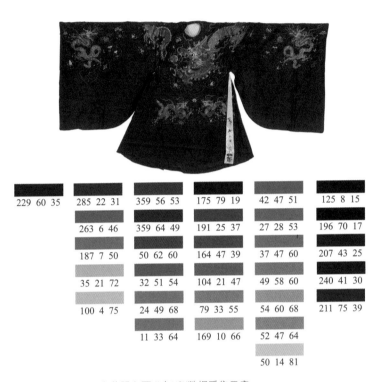

229 60 35	285 22 31	359 56 53	175 79 19	42 47 51	125 8 15
	263 6 46	359 64 49	191 25 37	27 28 53	196 70 17
	187 7 50	50 62 60	164 47 39	37 47 60	207 43 25
	35 21 72	32 51 54	104 21 47	49 58 60	240 41 30
	100 4 75	24 49 68	79 33 55	54 60 68	211 75 39
		11 33 64	169 10 66	52 47 64	
				50 14 81	

▲ 图5-8 明代山东葬服主要用色HSV数据采集示意

表5-6 明代山东葬服色彩分析

袍服名称	底色HSV数值	图案色HSV数值
蓝罗盘金 绣蟒袍	蓝色： H（229） S（60） V（35）	蓝色系：H（125）S（8）V（15）；H（196）S（70）V（17）； 　　　　H（207）S（43）V（25）；H（240）S（41）V（30）； 　　　　H（211）S（75）V（39）
		红色系：H（359）S（56）V（53）；H（359）S（64）V（49）； 　　　　H（5）S（62）V（60）；H（32）S（51）V（54）； 　　　　H（24）S（49）V（68）；H（11）S（33）V（64）
		黄色系：H（42）S（47）V（51）；H（27）S（28）V（53）； 　　　　H（37）S（47）V（60）；H（49）S（58）V（60）； 　　　　H（54）S（60）V（68）；H（52）S（47）V（64）； 　　　　H（50）S（14）V（81）

袍服名称	底色HSV数值	图案色HSV数值
蓝罗盘金 绣蟒袍	蓝色： H（229） S（60） V（35）	绿色系：H（175）S（79）V（19）；H（191）S（25）V（37）； H（164）S（47）V（39）；H（104）S（21）V（47）； H（79）S（33）V（55）；H（169）S（10）V（66） 紫色系：H（285）S（22）V（31）；H（263）S（6）V（46）； H（187）S（7）V（50）；H（35）S（21）V（72）； H（100）S（4）V（75）

系。以蓝色、红色、黄色、绿色和紫色组成。葬服底色为冷色系中的蓝色，所占面积最大。图案涵盖色彩较多，根据图案的布局集中在前后衣片、通袖和肩部。正色和间色均有，其中以正色为主，出现了橙色、红色、黄色、绿色等。以间色为辅，如淡红色、浅褐色等。主控色为大面积色彩，以强调色为次面积色彩，点缀色彩占小面积，用色虽多，但是色彩和谐、明快艳丽、色调统一。

（二）明代山东葬服色彩饱和度分析

将明代山东葬服的测色数据进行饱和度区域划分，对饱和度构成分布进行分析，如图5-9所示，可知低饱和度占比41.4%、中饱和度占比48.3%、高饱和度占比10.3%。

通过分析明代山东葬服饱和度可知，葬服中的高饱和度色彩所占比例较小，以蓝色系和绿色系为代表，集中在衣身主图案的蟒纹当中。中饱和度色彩占比最多，分布在所有图案当中，包括金色的鳞片、红色与银色相间的须发、火焰、红色的花朵、绿色的叶片、枝干以及藤蔓等。低饱和度作为图案中的分割线，以黄色柿蒂纹的形式分散在袍服胸背和两袖图案的边缘。袍服底色为中饱和度的蓝色，由饱和度所占比例可以看出，图案与底色因为采用对比关系强烈的色彩，而使袍服整体呈现出华丽、艳丽、浓郁的地域艺术特点。

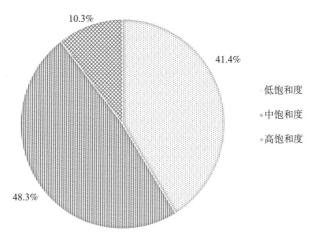

10.3%

41.4%

48.3%

低饱和度

中饱和度

高饱和度

▲ 图5-9　明代山东葬服色彩饱和度构成分布

（三）明代山东葬服色彩明度分析

将明代山东葬服的测色数据进行明度区域划分，如图5-10所示。对明度构成分布进行分析可知，高明度色彩占比17.2%、中明度色彩占比62.1%、低明度色彩占比20.7%。

在明度比例运用方面，明代山东葬服的色彩倾向为中明度。中明度色彩的比例最高，无论在袍服底色还是所有图案色中均有出现，涵盖蓝色系、红色系、黄色系、绿色系和紫色系。高明度色彩集中出现在以蟒纹为代表的主图案当中，蟒的金黄色鳞片、部分白色花瓣等。在中低明度的袍服底色当中，高明度色彩产生了醒目、靓丽的视觉效果，更加引人瞩目。低明度色彩在通袖襕和膝襕位置以祥云形态出现，与袍服底色呈现出明度的弱对比关系，既起到了色彩分割的作用又柔和、不突兀。

依据明代山东葬服的色相、饱和度、明度占比数据进行综合分析，可以看出葬服的色彩较丰富，整体呈现出和谐、统一、华丽的艺术特点。葬服色彩当中，底色中明度、中高纯度的正色占比较大，且为冷色。图案色以中饱

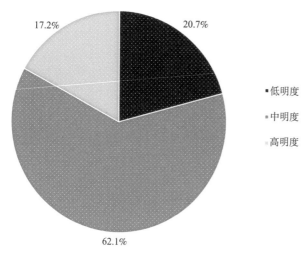

17.2%　　　　　　　　20.7%

- 低明度
- 中明度
- 高明度

62.1%

▲ 图5-10　明代山东葬服色彩明度构成分布

和度、中明度的鲜艳色彩构成。图案色与底色之前产生弱对比关系。无彩色
在底色与纹饰色之间进行色彩分割。

二、清代山东葬服色彩

本书通过对清代葬服进行色彩提取，运用HSV颜色模型对色彩数值进行
标注，结果如图5-11、表5-7所示。

（一）清代山东葬服色相分析

通过清代山东葬服主要用色HSV数据采集示意图5-11、表5-7可以看
出，葬服底色为蓝色，由于底色所占面积最大，因此葬服呈现出的色彩倾向
为冷色。葬服上面分布着不同图案，涵盖红色系、蓝色系、绿色系和黄色系
等。主要图案色彩作强调色，绿色、白色、粉色、深绿色、翠绿色相间构成
的海水江崖纹、须发、祥云和花朵等纹样色彩为点缀色。整件袍服色彩华美
大气、构图秀丽。

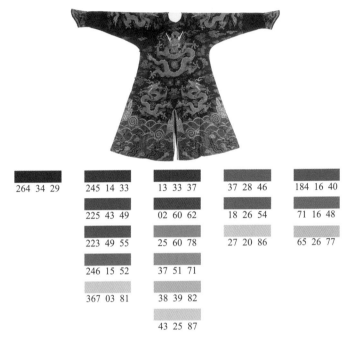

264 34 29	245 14 33	13 33 37	37 28 46	184 16 40
	225 43 49	02 60 62	18 26 54	71 16 48
	223 49 55	25 60 78	27 20 86	65 26 77
	246 15 52	37 51 71		
	367 03 81	38 39 82		
		43 25 87		

▲ 图5-11　清代山东葬服主要用色HSV数据采集示意

表5-7　清代山东葬服色彩分析

袍服名称	底色HSV数值	图案色HSV数值
蓝缎织金蟒袍	蓝色：H（264）S（34）V（29）	红色系：H（02）S（60）V（62）；H（25）S（60）V（78）；H（13）S（33）V（37）
		蓝色系：H（245）S（14）V（33）；H（225）S（43）V（49）；H（223）S（49）V（55）；H（246）S（15）V（52）；H（367）S（03）V（81）
		绿色系：H（184）S（16）V（40）；H（71）S（16）V（48）；H（65）S（26）V（77）；H（60）S（32）V（42）；H（37）S（28）V（46）
		黄色系：H（25）S（60）V（78）；H（37）S（51）V（71）；H（18）S（26）V（54）；H（38）S（39）V（82）

（二）清代山东葬服色彩饱和度分析

将清代山东葬服的测色数据进行饱和度区域划分，如图5-12所示，可知低饱和度占比41.2%、中饱和度占比58.8%、高饱和度占0。

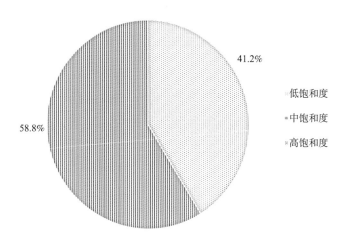

41.2%

58.8%

低饱和度

中饱和度

高饱和度

▲ 图5-12　清代山东葬服色彩饱和度构成分布

清代山东葬服中的中饱和度色彩分别为红色系和黄色系，出现在蟒的口部、鼻部、耳部，凸显了威猛的气息，起到了强调作用。低饱和度涵盖所有图案用色，包括祥云、花朵、江水海崖等，并与袍服底色形成了弱对比关系。清代礼服图案具有繁复、堆砌的特点，葬服也不例外，饱和度形成的弱对比关系降低了复杂图案带来的纷乱感，凸显袍服的华丽、雍容。

（三）清代山东葬服色彩明度分析

将清代山东葬服的测色数据进行明度区域划分，如图5-13所示，对明度构成进行分析可知，高明度占比35.2%、中明度占比58.8%、低明度占比6%。

在明度比例运用方面，由于葬服底色为低明度的蓝色，所占面积最大，而葬服中的图案色彩为中高明度，几乎覆盖整件袍服，因此清代山东葬服呈

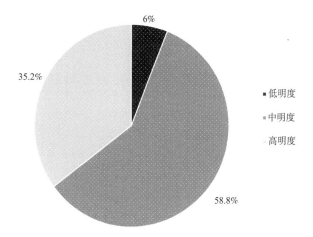

6%

35.2%

58.8%

- ■ 低明度
- ■ 中明度
- ░ 高明度

▲ 图5-13　清代山东葬服色彩明度构成分布

现出明显的明度对比关系。凸显出图案的立体感，带来生动、华丽的色彩面貌。图案色彩中，高明度的绿色与黄色交替出现在海水江崖纹、祥云和如意云头之中。中明度的蓝色、红色大面积装饰其中，值得注意的是同一图案的云纹用不同色彩的明度变化表现，这种明度之间的强对比使图案产生了更为立体的视觉效果。

通过分析清代山东葬服的色相、饱和度、明度等占比数据，由色彩数据综合分析可知，葬服色彩以冷色为主，中性色系、暖色系多出现在配色中。纹饰色与袍服底色之间呈现出强烈的明度对比关系。纹饰色中的中性色进行鲜艳色的面积分割，使整体色彩呈现出统一中见对比的和谐又韵律迭起的特征，表现出清代山东葬服鲜艳、华丽的色彩风貌。

第四节　明清山东祭孔服装色彩特征与构成

一、明代山东祭服色彩

通过对明代山东祭服进行色彩提取，运用HSV颜色模型对色彩数值进行标注，结果如图5-14、表5-8所示。

13 78 58　　246 39 26

▲ 图5-14　明代山东祭服主要用色HSV数据采集示意

表5-8　明代山东祭服色彩分析

袍服名称	底色 HSV数值	图案色HSV数值
赤罗衣裳	红色：H（13）S（78）V（58）	蓝色：H（246）S（39）V（26）

通过表5-8可以看出，明代山东祭服的底色为红色，用色单一且占服装的最大面积。服装为纯色无图案，仅衣缘处饰有蓝色缘。祭服虽无图案装饰但具有简约、大气、威仪的特点。

（一）明代山东祭服色相分析

通过图5-14、表5-8分析可知，祭服色彩简约，主要用色包括暖色系和冷色系。其中大面积为红色，既无图案也无底纹；次面积为蓝色，分布在领、袖和下摆处，用色虽然只有红色和蓝色，但是色彩明快、和谐、庄严。

（二）明代山东祭服色彩饱和度分析

将明代山东祭服的测色数据进行饱和度区域划分，对饱和度构成分布进行分析，如图5-15所示，可知中饱和度占比64%、低饱和度为占比36%、高饱和度占比0。

通过分析色彩饱和度可知，祭服底色为中饱和度色彩，占比64%。这源于明代洪武年间礼部遵诏服色五德论，认为明代属火德，因而尚赤。红色被认为是朝代专属色，被赋予吉祥、庄严的意蕴与民族情感，深深根植于传统

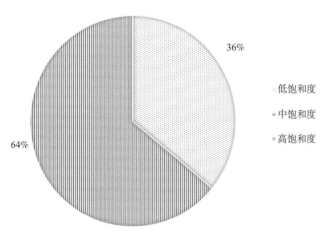

36%

低饱和度

中饱和度

高饱和度

64%

▲ 图5-15　明代山东祭服色彩饱和度构成分布

服饰文化之中。祭服中的低饱和度色为蓝色，占比36%。红色与蓝色通过不同色相、不同色彩面积的分割，形成强烈的对比关系，彰显出祭服的肃穆与威严。

（三）明代山东祭服色彩明度分析

将明代山东祭服的测色数据进行明度区域划分，如图5-16所示。在明度比例运用方面，中明度色彩占比64%、低明度色彩占比36%、无高明度色彩。中明度和低明度色彩涵盖整件服装，衣身的中明度和衣缘的低明度形成不同明度的对比。

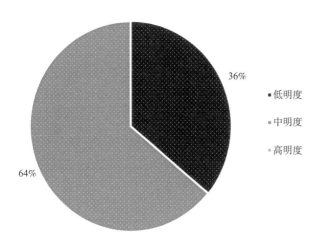

36%
■低明度

■中明度

■高明度

64%

▲ 图5-16 明代山东祭服色彩明度构成分布

综合分析明代山东祭服的色相、饱和度、明度等占比数据，可以得出祭服色彩相对婚服和葬服要简单很多。虽然色彩运用较单一，但红、蓝两色均为正色。祭服以中明度、中纯度的红色作为主要色彩，以低明度、低饱和度的蓝色进行装饰，整体色彩诠释出尊重儒家、正色为尊、崇尚红色的艺术特点。

二、清代山东祭服色彩

通过对清代山东祭服进行色彩提取，运用HSV颜色模型对色彩数值进行标注，结果如图5-17、表5-9所示。

351 84 66

247 48 35

229 54 53

231 37 60

216 59 66

200 48 79

185 17 85

▲ 图5-17　清代山东祭服主要用色HSV数据采集示意

表5-9　清代山东祭服色彩分析

袍服名称	底色HSV数值	图案色HSV数值
红绸袍	红色： H（351） S（84） V（66）	蓝色系：H（247）S（48）V（35）；H（229）S（54）V（53）； H（231）S（38）V（60）；H（216）S（59）V（66）； H（200）S（48）V（79）；H（185）S（17）V（85）

通过表5-9可以看出，清代山东祭服的底色为红色，用色单一且占服装的最大面积。服装胸前补子为彩色图案，色彩丰富。祭服色彩呈现出大气、

威仪的特点。

（一）清代山东祭服色相分析

清代山东祭服色彩以暖色系为主，底色为红色，补子中的图案色彩丰富，蓝色居多。黄色作强调色，绿色为点缀色。通过不同色彩以及不同明度和饱和度的色彩调和，整件祭服的色彩华美，构图简约。

（二）清代山东祭服色彩饱和度分析

通过对清代山东祭服测色数据进行饱和度区域划分（不包括补子图案色彩），如图5-18所示，可知饱和度构成分布为低饱和度占比16.7%、中饱和度占比83.3%、高饱和度占比0。

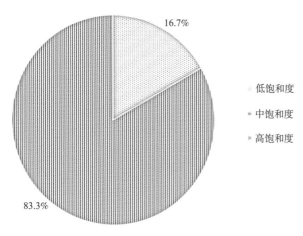

16.7%

低饱和度
中饱和度
高饱和度

83.3%

▲ 图5-18 清代山东祭服色彩饱和度构成分布

清代山东祭服包含了中、低不同饱和度的色彩于其中。袍服底色为中饱和度的红色，是礼仪服饰常用色彩，也是中国古代传统吉祥色彩，赋予祭服大气沉稳的风貌。中饱和度和低饱和度色彩出现在补子当中，占比分别为83.3%和16.7%，为白色花瓣、淡蓝色花蕊等，表现出花卉柔美、典雅、高洁的神韵，用以隐喻君子的不凡气质。祭服底色与图案的色彩饱和度呈现出强对比的关系。

（三）清代山东祭服色彩明度分析

将清代山东祭服的测色数据进行明度区域划分，如图5-19所示，对明度构成分布进行分析得低明度占比33.3%、中明度占比66.7%、高明度占比0。主体色为红色，均属于正色，且以中明度为主。补子中的白色花瓣和淡蓝色的花蕊通过明度变化将图案表现得更加立体、生动。整体来看，服饰呈现出以中明度为主导的弱对比的明度关系，色彩和谐。

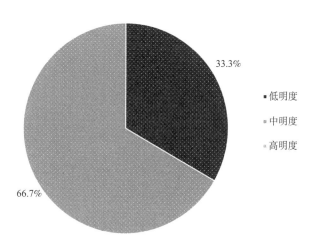

33.3%

■低明度
■中明度
■高明度

66.7%

▲ 图5-19　清代山东祭服色彩的明度构成分布

通过对清代山东祭服的色相、饱和度、明度进行色彩数据综合分析可知，祭服色彩以暖色为主，冷色系次之且出现在配色中。图案本身以明度较高、饱和度居中的色彩构成，在整件袍服中起到画龙点睛的强调作用，表现出清代山东祭服富丽、威仪的庄严风貌。

第五节　明清山东礼服的色彩差异
与图像分析

一、明清山东礼服的色彩差异

将明代和清代的山东婚服、葬服和祭服中的主要色彩以色块的形式进行提取，植入色环模型及饱和度明度模型进一步分析明清时期山东礼服色彩差异。

以色环模型的形式对服装中的色相进行分析。根据礼服在HSV颜色模型中的H值、S值将主要色彩以色块形式植入色环模型中，如H为0值位于色环右侧居中位置，并随顺时针增大；饱和度为0值位于色环圆心，饱和度增大、半径随之增大。饱和度、明度模型主要用于呈现礼服的色彩饱和度和明度。横轴表示饱和度，原点至右端数值依次增大，色彩越饱和；纵轴表示明度，原点向上数值依次增大，明度越高。通过数据分析可知，在色相运用方面，明代山东礼服色彩丰富，多使用黄色、红色、蓝色等，以红色的使用率最高。这与《明史·舆服志》中记载"明代取法周、汉、唐、宋，服色所尚，于赤为宜"相一致。清代礼服色彩较多使用黄色、紫红色、蓝色。对比明清礼服色彩，底色均为正色，图案用色多元，正、间色交替使用。与明代礼服图案布局较为集中相比，清代礼服图案分散，几乎铺满袍服。因此色彩应用更加丰富，且普遍存在同一色彩反复使用的情况。

明代山东礼仪服饰色彩遵循正色为尊、间色为卑的儒家五行五色应用原则。礼服底色选用中明度、中饱和度的正色，图案色彩则以中低明度、中饱和度的正间色彩构成。用色虽多，但是繁而不乱，和谐统一，整体色彩明快。其中邻近色和对比色的较多使用起到色彩分割的作用。加之图案以对称、均衡为原则进行布局。具体表现为图案上下、前后、左右相互平衡，使得明代山东礼仪服饰色彩整体呈现出和谐、统一、华丽的艺术特点。清代山东礼仪服饰色彩在传承明代色彩的同时将满族风貌融会其中，形成了用色多元、堆砌繁复的特点。其色彩种类丰富，涵盖不同色系。中性色系和冷色系相对较少，整体呈现出中饱和度、高明度的暖色倾向。图案的配色方面，以明度较高、饱和度居中的色彩构成。高明度的使用要比明代强烈许多，图案色与底色之间呈现出强烈的明度对比关系，服装色彩更加明亮、个性张扬。不同明度和饱和度的色彩进行调和，色彩布局既没有变化丰富带来的杂乱，又规避了色彩重复带来的单调。整体色彩呈现出统一中见对比的和谐又韵律迭起的特征。

二、明清山东礼服图案图像分析

明清山东礼仪服饰中的图像分析主要以织物纹样图像分割为主，其方法主要有通过控制平滑程度参数和空间尺度参数，平滑掉织物图像中的纹理结构，再用Canny边缘检测算子检测图案边缘，认为在RGB颜色空间对图像平滑和边缘提取的效果要优于其他颜色空间，优于其他边缘检测算子分割织物图案的效果。借助均值漂移聚类法，对服饰图像颜色进行检测。或者对织物图像进行二值化处理，灵活使用数学形态学中的膨胀、腐蚀、闭运算、开运算等基本方法，选取合适的结构元素，结合Matlab语言编程，实现机器对织物提花区域的分割。以上方法有的只是针对灰度图像的分割，而针对彩色图案的分割方法多采用人工判断分割结果质量，主观性较强，受个体影响较大。在此基础上以山东省博物馆藏的色彩鲜艳具有典型礼仪服饰特征的明代斗牛袍为例，进行明代山东礼仪服饰色彩的智能提取。

（一）实验步骤

第一步，采用数码相机完成明代山东礼服实物及纹样的获取；第二步，将图像由RGB颜色空间转换至CIELab颜色空间；第三步，利用中值滤波法对织物纹样图像进行预处理，以滤除图像中的噪声信号；第四步，采用K-means算法对图像颜色像素进行聚类分析；第五步，选取基于数据集样本几何结构的Calinski-Harabasz（CH）指标，根据数据集本身和聚类结果的统计特征对聚类结果进行聚类有效性判断；最终，根据聚类结果的优劣选取最佳聚类数。

（二）彩色图像采集

收藏于山东省博物馆的明代斗牛袍属于明代山东婚服，如图5-20所示，是集礼制纹样于大成的服饰，其纹样题材具有典型明代礼服纹样的特征。本书选用佳能5DSR数码相机（日本佳能），使用EF50mmF/1.2USM镜头，在白色背景LED光源、垂直地面为2m的条件下拍摄，获取实物的初始图像。在文档反射式模式、最高光学分辨率5792×5792（dpi）条件下，对彩色图像进行颜色特征提取。

（a）正面　　　　　　　　　　　　（b）背面

▲ 图5-20　明代斗牛袍

（三）礼服颜色空间转换

对于图像处理，RGB颜色空间是最为重要和常见的颜色模型，建立在笛卡尔坐标系中，以红、绿、蓝三色为坐标，叠加产生丰富而广泛的颜色。但是RGB颜色空间是非均匀颜色空间，空间中不同位置两点的距离代表人眼对这两个颜色知觉的差异大小，受两点所处位置影响。CIELab颜色空间致力于感知色彩均匀性，能以相同距离表示相同知觉色差的颜色空间，便于通过坐标系中两点的几何距离判断颜色的相近程度，进而对彩色图像进行分割，是最接近人类视觉的设计。在本书中将礼服图像进行RGB颜色空间向CIELab颜色空间的转换，纹样区域和底色区域的亮度差异对分割造成的影响已得到消除，CIELab颜色空间更加准确地进行纹样色彩的分割。

（四）礼服的图像平滑

由于明代礼服属于传世文物，历经年代久远，因此考虑其穿着、风化、霉变等因素，导致礼服有一定程度的污损和褪色。同时本书所选用礼服图像由于受到光源、拍摄水平等因素影响而获得，数字采样和传输在经过传感器和传输通道时经常受到噪声的干扰，有必要对受噪图像进行滤波，即对所获图像进行进一步平滑处理。中值滤波是一种非线性滤波技术，在处理图像时，能够很好地保护图像的边缘而得到广泛的应用。中值滤波是顺序统计滤波，即用该像素的相邻像素的中值来替代该像素的值：

$$\hat{f}(x,\ y)=\underset{(s,\ t)\in S_{xy}}{median}\{g(s,\ t)\} \tag{1}$$

式中：$\hat{f}(x,\ y)$ 为中值滤波输出；S_{xy} 表示中心在 $(x,\ y)$，尺寸为 $m\times n$ 的矩形子图像窗口的坐标组，$g(s,\ t)$ 为该坐标组除去中心位置其他像素点的灰度值。

本书中被测织物图像窗口大小设置分别采用3×3像素、6×6像素、9×9像素……18×18像素，中值滤波在不同滤波窗口展开。通过对图5–21中的彩凤纹样进行中值滤波处理，随着滤波窗口尺寸的增大，纹样色彩的均匀程度增大，但纹样的清晰度下降，边缘逐渐模糊。如图5–22所示为三个滤波后的图片显示，纯色区域颜色均匀度随着滤波窗口尺寸增加而改善，但清晰度降

▲ 图5-21　彩凤纹样

（a）3×3像素　　　　　（b）9×9像素　　　　　（c）15×15像素

▲ 图5-22　不同尺寸滤波窗口处理结果

低。为了平衡去噪效果和纹样边缘清晰度，本书在后续实验中选用9×9像素滤波窗口对图像进行平滑处理。

（五）K-means聚类分割

K-means算法是一种适用于均匀空间、以欧式距离为基准的聚类算法。该算法认为，距离相近的对象组成了类，其目标是得到类内紧凑、类间分散的分类。本文采用K-means聚类算法将礼服纹样CIELab颜色空间中的色彩进行聚类，进而实现纹样分割。由于$L*$表示亮度分量，对色相无影响，本书只将$a*$和$b*$值作为两个坐标，在这个二维坐标系中，利用K-means算法对色彩进行聚类。具体步骤如下：

步骤1：从数据集中随机选取K个样本作为初始聚类中心$C=\{c_1,c_2,\cdots,c_k\}$。

步骤2：对于每个样本x，计算该样本到K个聚类中心的距离，然后将该样本分配至最小距离聚类中心所在的类。

步骤3：针对每个类别c_i重新计算它的聚类中心；

$$c_i=\frac{1}{m}\sum_{x\in c_i}x \qquad （2）$$

式中：m是c_i所在的簇的元素个数。

步骤4：重复第2步和第3步直到聚类中心的位置不再变化。最小化公式：

$$SSE=\sum_{i=1}^{k}\sum_{x\in c_i}dist(c_i,x)^2 \qquad （3）$$

式中：k表示k个聚类中心，c_i表示第几个中心，x为c_i簇的元素，$dist$表示的是欧几里得距离。

（六）最佳聚类数判定

明代山东礼服由于时代久远，人工分辨色彩也比较困难、低效，且结果容易受到人的主观影响。K-means聚类算法的不足是需要人为设置聚类数。为了更加准确、科学地找到一种客观评价聚类数有效性的方法，本书选取数据集样本几何结构的Calinski-Harabasz（CH）指标，根据聚类结果的统计特征及数据集来评估聚类结果，同时以聚类结果的优劣为依据选择织物纹样色彩的最佳聚类数。

CH指标通过类内离差矩阵描述聚类紧密度，类间离差矩阵评价聚类分离度，定义为：

$$CH(k) = \frac{trB(k)/(k-1)}{trW(k)/(n-k)} \qquad (4)$$

式中：n表示聚类的数目，k表示当前的类，$trB(k)$表示类间离差矩阵的迹，$trW(k)$表示类内离差矩阵的迹。

类自身越紧密、CH值越大、类与类之间越分散，即更优的聚类结果。如图5-23所示为图5-24所示的不同尺寸滤波窗口处理结果中纹样的不同聚类数（2~6）的聚类结果分布图，其中聚类数为5时，CH值最大为1.1570，此时各类自身紧密，类与类之间分散，聚类结果最优。礼服的底色为红色，属于正色，用色较为单一且占服装的最大面积。纹样部分被分割成四个部分，颜色依次为橙色、蓝色、绿色、黄色为主，正间色均有涉猎。其中斗牛纹占次面积，其他纹饰占小面积；以大面积色彩为主控色，以次面积色彩作强调色，以小面积色彩进行点缀。

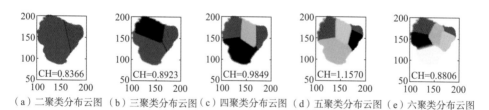

（a）二聚类分布云图 （b）三聚类分布云图 （c）四聚类分布云图 （d）五聚类分布云图 （e）六聚类分布云图

▲ 图5-23　不同指定类数下K-means聚类结果示意

利用K-means聚类算法，设置最佳聚类数为5时得出聚类结果如图5-23（d）所示。从图5-24（b~f）中可以看出纹样的色彩被完全分割开来，纹样色彩的数目决定分割区域的个数，由此可知目前的纹样色彩聚类数是5。提取已经分割出来的区域，以便获取纹样中不同区域的所占面积和色彩，这将有利于对纹样的色彩构成做进一步的研究。由聚类结果可以清晰地呈现出纹样中彩凤、四季花卉和云气的轮廓，祥云中的绿色为低饱和度色彩，纹样与底色之间的对比关系强烈，色泽夺目，体现出华丽的艺术特点。这也是明代礼服织物纹样常见的组合，寓意富贵吉祥。

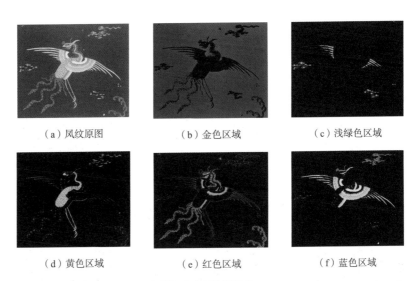

（a）凤纹原图	（b）金色区域	（c）浅绿色区域
（d）黄色区域	（e）红色区域	（f）蓝色区域

▲ 图5-24　最佳聚类数下凤纹样聚类分割结果示意

（七）局部织物纹样处理结果

如图5-25、图5-26所示是利用上述方法处理的另外两部分明代织物纹样局部分割结果。图5-25所示信息采集得到的是袖子背面斗牛刺绣图案的分割结果，图5-26所示信息采集得到的是礼服正面斗牛刺绣图案分割结果。

从图5-26（b）红色区域可知，斗牛纹用金色表现，须发用蓝色与黄色。其形态通过（c）黄色区域、（d）白色区域、（f）蓝色区域可知，部分纹样用单色表现。不同明度和饱和度的色彩反复使用，另有中性色点缀其中。用色虽多，但是繁而不乱，和谐统一，使得织物的纹样生动优美，整体色彩明快，色调统一，视觉效果饱满、大气、醒目。（e）绿色区域中可以

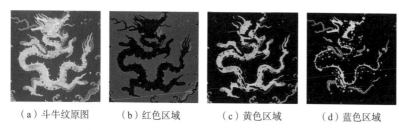

(a) 斗牛纹原图　　　(b) 红色区域　　　(c) 黄色区域　　　(d) 蓝色区域

▲ 图5-25　礼服袖子背面斗牛纹样聚类分割结果示意

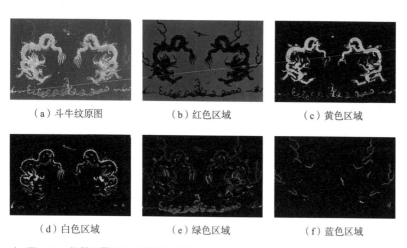

(a) 斗牛纹原图　　　　(b) 红色区域　　　　(c) 黄色区域

(d) 白色区域　　　　(e) 绿色区域　　　　(f) 蓝色区域

▲ 图5-26　礼服正面斗牛纹样聚类分割结果示意

直观地看到，波浪纹卷曲如花枝，呼应着流水中的落花，打破了波纹层层重叠的单一效果。由局部纹样处理图像可知，明代的波浪纹已由元代的单一描绘汹涌姿态演变成为鳞状弧线条纹的水波与翻卷高扬的浪花并置的形式，浪花在层叠的弧状波纹中起起伏伏，节律中有变化。

第六节　本章小结

本章探究了明清山东婚服、葬服和祭服的色彩特征与文化意蕴，结合数据分析了不同类型礼服的色相、饱和度、明度，得出结论如下：

（1）明清山东婚服色彩丰富，主要用色为暖色系红色。作为婚服中的必选色彩，在山东民俗文化中具有重要的标志性符号意义。明代山东婚服底色为中明度、高纯度的正色。图案色选用高饱和度、中明度的鲜艳色彩构成。少部分邻近色和对比色进行色彩分割。清代山东婚服图案色彩由高明度、中饱和度的色彩构成。图案色与袍服底色呈现出强烈的对比关系，富丽华美。具有独特的物质属性和精神文化内涵，是时代审美思想与地域民俗的有力呈现。

（2）明清山东丧葬分为丧服和葬服进行色彩研究。丧服尚白，由棉麻布制成且未经染色。展现出儒家礼文化影响下，生者对死者的哀悼和敬畏之情。葬服色彩艳丽，多为饱和度较高的正色，且以对比搭配的方式出现，具体表现为葬服图案色与底色的有彩色对比，以及衣缘图案与底色之间无彩色与有彩色的对比。明代葬服色彩浓艳、用色简约；清代葬服色彩多元、高明度色使用较多，呈现出华美、繁复的用色特点。

（3）明清山东祭服色彩相对单一，均选用饱和度居中的正色，体现出慎终追远、庄严肃穆的人文情感。虽然均选用红色为底色，但是明代祭服用低饱和度、低明度的蓝色进行色彩分割，清代祭服用色彩丰富的补子进行装饰。

（4）明清山东礼服的色彩差异表现为明代山东礼仪服饰遵循五行五色

审美思想的同时色彩饱和艳丽。色相丰富，中明度、高饱和度的暖色居多，整体色彩明快。清代山东礼仪服饰色彩对比强烈、色彩繁多、配色浓重，高明度的使用要比明代强烈，纹饰色与底色之间呈现出强烈的明度对比关系。整体色彩统一中见对比，和谐而又韵律迭起。

（5）本文运用HSV颜色模型及K-means聚类算法分别对明清山东礼仪服饰实物图案色彩进行数据分析、聚类分割与智能提取，有效获取了礼仪服饰色彩的总体特征。

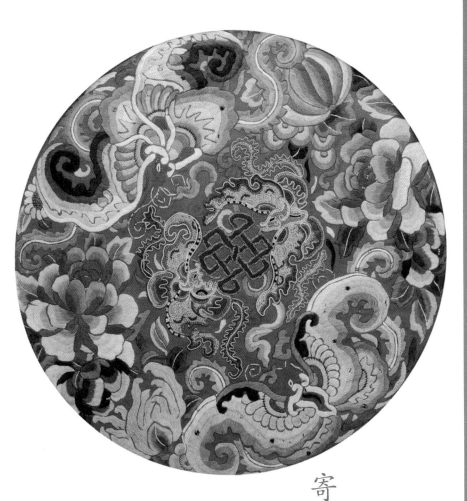

礼仪服饰图案在纵向传承与横向交流中

不断完善、发展，

题材多元、寓意丰富。

寄托情爱与繁衍生息的婚服图案。

抒发的葬服、祭服图案。

人伦与佛道信仰

齐纨鲁缟，细腻、灵动、多变。

面料和工艺技法，是社会阶级

发展和生活习俗的一面镜子，

讲述着地域纺织水平、

织造技艺。

明清山东礼仪服饰中的图案由于受到特定的地理环境、生态环境、人文环境和历史传承的影响，其图案种类、元素、表现手法不尽相同，呈现出千姿百态的地域特征。棉花的广泛种植和桑蚕业的大面积养殖，使棉织物和丝织物的产量得到提升，为礼仪服饰面料提供了更多选择。以鲁绣为主的工艺技法运用在礼服当中，成为地域民俗文化内涵和思想的有力表达。

第一节　明清山东礼仪服饰图案

明代至清代，山东礼仪服饰图案在纵向传承与横向交流中不断完善、发展，最终形成种类多样、寓意丰富的地域礼仪服饰图案。本节内容根据明清山东礼仪服饰传世实物统计，从服饰图案的装饰特征、图案题材、图案的文化内涵及图案的装饰形式进行研究。

一、明清山东礼仪服饰图案的装饰特征

明清山东礼仪服饰中袄、衫、袍、裤的装饰多集中于领、袖、襟、下摆、裤口处，其余部位装饰较少，但是山东婚服中的裙子、霞帔及云肩的装饰比较考究，题材多元且丰富，涵盖植物、动物、符号等元素。无论图案形式、色彩还是工艺手法均有鲜明的地域特征。本书根据实物对服饰类型、图案题材、组织形式、工艺手法、装饰位置等方面进行分析，如表6-1所示。

表6-1　明清山东礼仪服饰图案题材与工艺手法

服饰类型	图案题材	组织形式	工艺手法	装饰位置
袄、衫、袍、褂	植物、动物、符号	单独纹、连续纹、适形纹	刺绣、缂丝、绲、镶、贴	衣身、袖口
裤	植物、几何	连续纹、单独纹	刺绣、镶	裤口

服饰类型	图案题材	组织形式	工艺手法	装饰位置
裙	植物、动物、符号	单独纹、连续纹、适形纹	刺绣、缂丝、绲、镶、贴	裙身、裙摆
霞帔	植物、动物、符号	单独纹、适形纹、连续纹	刺绣、嵌、绲、镶、连缀	帔身、帔尾
云肩	植物、动物、人物、符号	连续纹、适形纹、角隅纹	刺绣、嵌、绲、镶、贴、连缀	通体
鞋	植物、动物、符号	单独纹、适形纹	刺绣、镶、绲	鞋面、鞋帮
荷包	植物、动物、符号	适形纹、角隅纹	刺绣、镶、绲	包体

二、明清山东礼仪服饰图案题材

明清山东礼仪服饰图案多具有吉祥寓意。图案元素取材于自然界、现实生活场景或精神世界。其造型各异，寓意深刻，有着鲜明的山东地域特色和多姿多彩文化内涵，如表6-2所示。

表6-2 明清山东礼仪服饰图案题材及内容

礼仪类型	图案题材	图案类型	图案细分及名称
婚礼葬礼	动物	人文动物	龙、凤、蟒、飞鱼、斗牛、麒麟、辟邪兽等
		现实动物	虎、狮（狮子绣球）、鹿、牛、羊、鸡、鸳鸯（鸳鸯戏莲）、喜鹊（喜鹊登梅）、仙鹤、蝙蝠（福寿双全）、孔雀、蝴蝶（蝶恋花）、壁虎、蝎子、蜈蚣、蟾蜍、蜘蛛、鱼等
婚礼葬礼祭祀礼	植物	树木	松、柳、竹、柏、竹子
		蔬果	葫芦（葫芦生子）、莲藕（因合得偶）、佛手瓜、石榴（多子多福）、葡萄等
		花卉	牡丹（凤穿牡丹）、梅花、莲花（莲生贵子）、菊花、桃花、卷草等
婚礼	人物	神话传说	天仙送子、八仙过海、麻姑拜寿、和合二仙等
		场景仪式	男耕女织、夫妻好合、拜高媒、百子图等
婚礼葬礼祭祀礼	符号	器物	如意、盘长、宝瓶、方胜、八卦、花篮、八宝、暗八仙、元宝
		自然天象	海水江崖纹、云纹、水纹、祥云、太阳、月亮
		几何图形	团窠、回纹、卍、菱形、三角形

（一）动物题材

以动物为题材的图案分为现实动物和人文动物两种类别。以鱼、鸳鸯为主题的图案，常常出现在婚礼服饰当中与莲花、莲蓬和水纹相互组合，如"鱼戏莲"代表爱恋生殖类，如图6-1所示。山东西南部又被称为鱼米之乡，微山湖里遍地莲花，人们钟情于莲花，因为莲不仅结子速度快，而且结子数量也特别多。服装上绣有莲花寓意夫妻也能拥有像莲一样旺盛的生育能力，生得快，生得多。"鸳鸯戏水"象征夫妻情感和谐幸福和对生活的热爱，如图6-2所示。喜鹊和蝙蝠被山东人认定为吉祥鸟，服饰中出现以蝙蝠为题材的祥瑞图案，是好事临门的象征，消灾辟邪，如图6-3所示。驱邪避凶是老百姓重要的精神诉求。山东民间具有驱邪避凶意义的图案被称为"五毒"，它包括蟾蜍、蛇、蜥蜴、蝎子、蜈蚣。在明清时期的山东，以五毒绣于肚兜、荷包上面，随身携带可以平安度过病虫高发的季节，护佑平安。

人文动物包括龙、凤、蟒、飞鱼、斗牛、麒麟等，这些均为传说中的神兽。凤凰作为集多种禽鸟于一身的意象化神鸟，形象优美，是中国传统文化

▲ 图6-1　鱼戏莲

▲ 图6-2　鸳鸯戏水

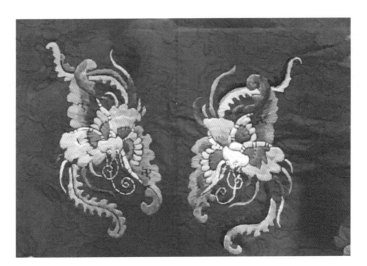

▲ 图6-3　蝙蝠纹

中的高贵吉祥物。在明代中后期至清代山东民间的婚服图案中，凤纹常与龙纹构成"龙凤呈祥"的装饰纹样，配以祥云、灵芝为辅饰，结合喜庆的对比色，象征阴阳和谐、婚姻美满，表达了山东女性渴望两性情感的美满幸福。蟒、飞鱼、斗牛、麒麟等则属于龙的变体，其造型与龙近似，却在爪子、尾巴和头部等局部做出改变，以便区别于代表皇帝的龙纹，如图6-4、图6-5

所示。这类图案多出现在品官及命妇的官服和常服上面，由于明清品官准许官服做婚服，所以这些图案会出现在婚服当中。如山东博物馆藏的明代四兽红罗袍便是衍圣公婚礼时的服装。人文动物图案在祭祀服装中出现，用来明辨官员身份等级。

在明清山东民间，寿枕图案必须具有送老永生的内涵，以灵物形象的公鸡绣于枕上，配以"奈何桥"，寓意通往天国的路上由公鸡啼鸣引路便不会迷失，以莲花和云朵图案象征升天，寓意能够顺利走入天国，往生极乐。

▲ 图6-4　飞鱼纹

▲ 图6-5　四兽红罗袍纹样

（二）植物题材

明清山东礼仪服饰中几乎每一件服饰均有植物题材出现。其主题包括花卉、蔬果和树木。花卉类包括牡丹（凤穿牡丹）、梅花、莲花（莲生贵子）、菊花、桃花、卷草等。蔬果类包括葫芦（葫芦生子）、莲藕（因合得偶）、佛手瓜、石榴（多子多福）、葡萄等。树木类有松、柳、竹、柏、竹子。牡丹被誉为花中之王，是山东菏泽盛产的名花，也是出现在山东礼仪服饰中频率最高的花卉纹样之一，常与凤鸟、缠枝、花瓶、桃子等进行组合，寓意吉祥。在明清山东礼仪服饰中最具代表性的当属"凤戏牡丹"，如图6-6所示，比喻光明、吉祥的美满婚姻。梅花绽放于百花之先，被视为传春报喜的吉祥之花，在明清山东婚服中出现，常与喜鹊纹组合在一起，用来表达喜事连连，如图6-7所示。五瓣花瓣构成的梅花也是象征福、禄、寿、喜、财的五福之花，在葬服中也广泛流行。

▲ 图6-6　凤戏牡丹纹样

▲ 图6-7　喜上眉梢纹样

石榴被赋予多子多福的美好寓意。在山东礼仪服饰当中，石榴纹与莲花纹时常组合在一起。因为"榴开百子"寓吉祥，"莲"与"连"是谐音，因此便有了"连生贵子"的吉祥意蕴。蝴蝶常常和花卉纹样组合在一起，"蝶恋花"寓意爱情甜美，如图6-8所示。葫芦寓意平安、福禄，与桃子、蝴蝶组合藤缠蔓绕称为"瓜瓞绵绵"，寓意子孙昌盛、后继有人。

▲ 图6-8　蝶恋花纹样

（三）人物题材

人物题材多来源于山东地区的民俗、历史人物、神话故事和远古崇拜等。其主题包括神话传说和场景仪式。神话传说中有天仙送子、八仙过海、麻姑拜寿、和合二仙等，如图6-9所示；场景仪式有男耕女织、夫妻好合、衣锦还乡、拜高媒、百子图等，如图6-10所示。和合二仙是中国古代民间掌管婚姻幸福的神仙，在明清山东地区的婚服、床帏、轿帘、木版年画中均有出现。画面中拾得与寒山二位神仙分别手捧荷花与圆盒，荷花意味"并蒂莲"，盒子意味着"好合"，表达夫妻和合美满。图案中还有地域生活场景的描绘，恬淡自得。通过人物题材表现社会属性，反映出山东地区传统社会"男主外、女主内"的固有家庭模式和社会分工。

▲ 图6-9　麻姑拜寿

▲ 图6-10　男耕女织

（四）符号题材

在符号题材中分器物、几何图形和自然天象等类型。器物图案多带有宗教意味。明代中后期开始，山东地区佛教、道教盛行。其中，暗八仙是民间对道教传说中各路神仙所使用的宝物的泛称。暗八仙图案常出现在山东女性的云肩当中，寓意长寿美好。此外还有如意、宝瓶、方胜、八卦等图案，均来自佛、道传说中的法器，象征"诸事顺利、好运连绵"。佛教中飞天仙居云上，慈悲行善方能成佛，在古代山东人的宇宙观中是天界祥云升腾，是吉祥、丰裕、无忧的神界。明代云纹出现由多个云纹联合构成的团云纹。清代则有了更多云纹形式，包括卷云、朵云、团云、如意云纹、灵芝云纹和繁复的迭云纹，并与各种吉祥图案结合。因此在明清山东礼仪服饰中祥云是普遍存在的题材，其中江南大学民间服饰传习馆藏的清代山东婚服中的四合如意云肩最具典型性，如图6-11所示。云肩由四个如意云头组成，其造型具有涡状动感，又有趋于圆形的圆满性，使得造型具有装饰性。

几何图形是由十字、方格、菱形、"卍"字纹等几何纹样通过点、线、面不同形式进行连续重复、间隔、平行、穿插的变化组合表现出特有的节奏和韵律。"卍"字纹，原是中国古代的一种符咒，佛教认为"卍"字是现于

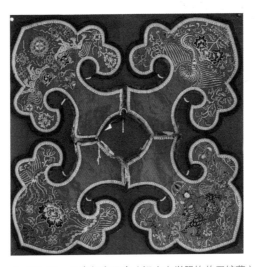

▲ 图6-11 四合如意云肩（江南大学服饰传习馆藏）

释迦牟尼胸部的一种瑞相，具有"吉祥之所集"的寓意。明清山东织绣中的寿字纹常与仙鹤等组成吉祥图案。在袄、衫、袍等服饰的衣领、袖口以及下摆处出现，以云纹、蝙蝠进行组合，寓意"五福同寿"。如团寿纹中的蝙蝠就是艺术化的云状蝙蝠，似云似蝙，给人一种置身仙境的美感。喜字纹样是明清山东地区婚庆时在婚服、盖头、弓鞋上常出现的汉字图案。喜字纹常与蝴蝶组合，意为喜结良缘，如图6-12所示。自然天象类图案在明初多出现在品官和命妇的服装上。明代中后期至清代则普遍出现在山东民间，以海水江崖纹、云纹、水纹、祥云、太阳、月亮为代表，如图6-13所示，具有"绵延不断"的含义，象征福寿安康。在凤尾裙中常常出现盘长纹，纹样首尾相连，回环贯彻，绵延不断，被人们认为是"诸事顺利""长久永恒"的象征。

▲ 图6-12　喜字纹

▲ 图6-13　海水江崖纹

三、明清山东礼仪服饰图案的文化内涵

明清时期山东的社会生产力在经过了漫长的积累之后，已经达到了相对成熟的水平。运河山东段的通航，使得运河沿岸商业日趋兴盛，更多

的人聚集市镇，以贸易为生，城市的发展增长了人们对风雅精神文化的渴求。明清山东礼仪服饰图案作为一种表现山东人文生活的艺术符号，寄托人们的审美理想和审美情趣，是一种既生动又亲切的表达，表现出对生命的热爱、对亲情的眷恋、对友情的怀念、对名利的期待，洋溢着对世俗情感的表达。

（一）寄托情爱表达与繁衍生息的婚服图案

情爱始终带给人们精神世界美好的憧憬，从神话传说到民间爱情故事，千百年来从未间断对爱情的传颂。情爱主题的图案广泛应用在明清山东婚服中，如"鱼戏莲""凤穿牡丹""蝶恋花"等，是民间认可度较高的吉祥图案。"蝶恋花"是早期唐教坊曲的词牌名，蝴蝶和花卉分别象征男性和女性，蝴蝶在花卉旁飞舞、流连，象征着缠绵悱恻的男女之情，体现出人们对幸福生活的向往。鸳鸯在山东民间常用来比喻忠贞的爱情与幸福的婚姻，"鸳鸯戏水"图案出现在婚服中象征着婚姻生活美满和谐，抒发着山东民间女性对美好生活的渴望。

在中国封建社会中，婚姻的终极目标是繁衍后代。世俗社会评价婚姻是否完美的标准便是婚后能否顺利怀孕生子、传宗接代。因此，生育繁衍为主题的图案在明清山东婚服中较多出现，典型图案为象征多子多福的石榴以及绣球、瓜果等。在山东民间，麒麟被誉为吉祥神兽。"麒麟送子"常出现明清山东婚服当中。山东民间称赞聪慧、有文采的孩童，常用"麒麟儿"来做比喻。"麒麟送子"相传源于孔子，在孔子出生之前其母梦到一只麒麟口吐玉书，玉书中记载了圣人的命运，从此便有了麒麟吐玉书的美好传说。

（二）人伦与佛道信仰抒发的葬服、祭服图案

明清时期的山东，人伦观念与佛道信仰普遍存在于社会生活当中，人们利用宗教的精神力量来达到护佑自己和家人的目的。作为儒家思想的发源地，山东重伦理、尊传统，历来讲求"百善孝为先"，对丧葬及丧葬服饰极为重视。同时，佛道在山东民间盛行。人们相信生死轮回，灵魂不灭，认为生前广积善缘死后便会往生极乐，尊享荣华。忠孝思想在人们心中根深蒂固，通过寿衣上的有特殊意义的服饰图案为父母架设通往极乐世界的桥梁。例如在寿衣、枕头上绣上公鸡、祥云、旗幡、水纹、寿桃、植物等充满吉祥含义的图案，寓意为逝者照亮前行的道路扫清通往极乐世界的一切障碍。因此，服饰图案中"送老永生"思想和因果轮回体现得非常明显。

四、明清山东礼仪服饰图案的装饰形式

明清山东礼仪服饰图案中有两种装饰形式最为典型。一种为明代服饰中云肩纹、通袖、膝襕纹相组合的装饰，又称云肩通袖膝襕。另一种是清代在明代礼服基础上以团纹对称排列为典型。

明代山东婚服及葬服中，云肩通袖膝襕是由肩部的云肩纹、贯穿袖子的通袖纹及膝部的膝襕纹组成的图案，如图6-14所示。云肩原是中国古代女性肩部的重要装饰品。《元史·舆服志》载："云肩，制如四垂云，青缘，黄罗五色，嵌金为之。"明代山东礼仪服饰中出现了绣于服装肩部的云肩纹。它以颈部为中心向前、后、左、右四个方向均匀分布，形状像柿蒂。早期的云肩纹，颈部为中心在胸、背及两肩勾勒出如意云轮廓，内部饰以吉祥纹样。通袖襕是由两袖袖端向肩部延伸并连接云肩纹的长方形平直线条。在明代后期通袖襕逐渐加宽，装饰愈发饱满。膝襕位于袍服下方两膝处，围绕袍服前后衣片一周的长条形装饰。集云肩纹、通袖襕、膝襕为一体的装饰纹样出现在明代山东礼服当中，具有标识性和典型性。如孔府旧藏中的墨绿妆花纱蟒衣、四兽红罗袍、斗牛袍和蓝罗金绣蟒袍等。通常一件礼服会使用相同的主题和元素进行装饰。如通袖襕为蟒纹，那么云肩、膝襕处的主体纹样也是蟒纹，其色彩、纹样都与通袖襕中的图案一致，如图6-15所示。明代山东

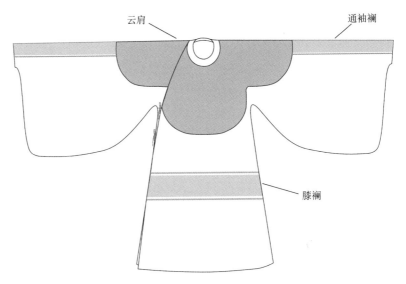

云肩　　　　　　　　　　　　　通袖襕

膝襕

▲ 图6-14　云肩通袖膝襕装饰形式示意图（笔者绘制）

▲ 图6-15　斗牛袍图案装饰示意图（笔者绘制）

因丝织技术高度发达，礼仪服饰中图案的设计与表现十分丰富。衣身的图案与留白之间繁简相适、疏密得宜，产生了极佳的视觉效果。到明代后期，随着设计的多样化，礼仪服饰原本的装饰形式发生了变化，如通袖襕逐渐打破横襕的约束，各图案区域的界限也不再明显，将团纹与云肩通袖膝襕纹的装饰形式结合，产生了以八团纹为基础的多团纹样，成为礼仪服饰的标识性图案。

清代山东礼仪服饰中有相当一部分以团纹装饰为主。按团纹内容、数量的不同而划分等级。团数越多等级越高，团纹的数量通常以偶数成倍递增，寓意宗族兴盛、繁荣。两团寓意成双，四团寓意平安，八团寓意稳定。

从团纹布局来看，分别集中在两肩、前后衣襟部位。"四团"即在前胸、后背、两袖各饰团纹一个，其中分布于衣袖的团纹为袖身前面和后面各半个。以"八团"纹最具典型，八个大团花图案均衡排列在服装上，前胸、后背各三个，呈"品"字形排列，如图6-16所示。左右袖子各一个，呈对

▲ 图6-16 团纹图案装饰示意图（笔者绘制）

称排列。如果将服装进行平面展开，可发现团纹数量、分布状态均有一定规律。皆分布在对角线上，且对角线交点均以肩线和中心线构成的十字结构中心点相交，并以中轴线和肩线构成的十字形结构上下左右对称的方式排列。两团居中轴线，四团居中轴线和肩线的十字，八团、九团以十字坐标和以此引出的对角线加以布局，米字型结构。

第二节　明清山东礼仪服饰面料与工艺技法

面料与工艺技法是展现礼仪服饰时代面貌的重要因素。它从不同层面讲述着地域纺织水平和织造技艺，是社会阶级性发展和人们生活习俗的一面镜子。本书在实物收集基础上通过明清山东不同礼仪服饰所用的面料和地域特有的织绣工艺进行研究。

一、明清山东礼仪服饰面料

明清山东礼仪服饰面料随着礼仪属性和经济水平等各有不同。随着棉花在明代山东的普遍种植和家庭棉纺织业的兴起，使礼仪服饰中棉布的使用增加。与此同时丝织业也是山东一项重要的手工业，因此礼仪服饰面料多为棉和丝织物。本书根据山东曲阜孔府档案资料中的文字记载及山东地区各大博物馆、江南大学民间服饰传习馆、私人收藏家所藏的婚服、葬服、祭服中的服饰名称进行汇总，如表6-3所示。纵观明清山东礼仪服饰名录可知，明清山东礼仪服饰面料以缎、绸、罗、绫为主，这与礼仪服饰出现在人生中重要、盛大礼仪场合有较大的关系，人们通常会在此时选择华丽的面料彰显身份地位及自身财富。丧服依据史料记载多用质地粗糙的麻织物，表达对逝者的哀思。而礼仪服饰中的靴、鞋等则多用棉织物。这些面料的主要来源为苏杭及山东当地。自明代运河山东段通航之后，促进了山东沿岸商品经济的发展，大宗的布匹、棉花、皮草等生产资料从全国各地运往山东或从山东运往各地，延续明清两代，历时数百年。从清代中后期济宁码头集散商货情况可以看出，如表6-4所示，光绪二十年济宁产皮衣1000件，济南产绸缎7万～8万匹，日用杂货20万～30万担，在济宁港发出。可见交易量之庞大。

表6-3　明清山东现存部分礼仪服饰名录

品种	材质	名称
袍	缎	黄色四团金龙纹织金缎袍、蓝色缎织金蟒袍、织金妆花缎蟒袍
	罗	赤色罗素面袍、红色罗云鹤补袍、香色罗彩绣蟒袍、蓝色罗盘金绣蟒袍
	绫	赭红色浮花绫凤纹补女袍、蝴蝶纹暗花绫夹袍、团二龙戏珠纹暗花绫夹袍、绣金龙吉祥纹绫蟒袍
	绸	红色湖绸斗牛袍、青色绸绣云幅金龙纹皮朝袍、蓝色暗花绸袍、团二龙戏珠纹缀领暗花绉绸夹袍、团二龙戏珠纹缀领暗花绉绸夹袍
袄、褂、衫	缎	青色暗花缎马褂、缠枝花卉纹暗花缎短衫
	绫	青色妆花绫蟒补褂、青色绫鹌鹑补褂、团二龙戏珠纹暗花绫夹褂、团五蝠捧寿纹暗花绫补褂
	纱	青色暗花纱褂、青色纱暗团龙纹马褂
	绸	彩绣人物红绸袄、缠枝花卉纹绸小袄
裙	缎	粉色缎盘金云龙纹女裙、妆花织金蓝缎裙、盘金龙纹粉缎女裙
	纱	葱绿妆花纱蟒裙
裤	缎	缠枝花卉纹暗花缎宽腰夹裤
	绸	粉色绸暗花竹纹女裤
云肩、帽、鞋	缎	红色缎莲生贵子云肩、缎地如意帽、缎地暖帽、绿色缎绣花女鞋、蓝色缎彩绣元宝底鞋

表6-4　清代中后期（光绪二十年）济宁码头集散商货服饰面料情况一览表

商品种类、名称	规模与数量	单位	产地/货源地
皮衣	1000	件	济宁本埠
绸缎	7万～8万	匹	济南

商品种类、名称	规模与数量	单位	产地/货源地
棉纱	5.5万	包	江苏镇江
洋布	7万~8万	匹	福建、浙江
日用杂货	20万~30万	担	济南等地

棉的种植在明代山东东西六府，十五州，八十九县皆有植棉记载。全省棉花种植中较为集中的是东昌府、兖州府、济南府。《山东通志》记载："棉花，六府皆有之。"通过对山东棉花征收赋税进行统计能够清晰地反映各府植棉的情况。据《山东通志》记载，山东共征花绒53445斤，其中济南府14066斤、兖州府17064斤、东昌府15701斤、青州府3794斤、登州府858斤、莱州府1962斤。棉花的广泛种植，使得家庭棉纺织业也发展起来，但染织工艺却落后于江南，市面上流通的多是粗布类布匹，以自用为主。自明中期以来，各地逐渐实行一条鞭法，赋税折银制度。这一政策刺激了纺织品的商品化发展。山东植棉集中区以家庭为单位的棉纺织业逐步发展起来，商品布交易开始在交通便捷的州府和运河沿岸萌芽，但商品化程度有限，范围狭小。清代初期，山东各地的棉花种植日益扩大，棉纺织业的普遍发展带动了棉布市场化、专业化的提升。至清代中期，棉纺织业脱颖而出，远远超越了传统丝织业。山东棉布市场由输入为主变为重要的生产地和输出地。

明代山东丝织业在政府颁布农桑征课之令后，强令农户栽桑纳捐，鲁西平原的兖州、东昌二府及济南府西部的德州等州县丝织业获得长足发展。随着"一条鞭法"的实行，桑蚕丝织业逐渐摆脱了赋役制度的束缚，在自然条件、技术条件较好的州县集中。东昌府各州县的丝麻生产迅速发展，据万历东昌府志记载："万历时已阖境桑麻，男女纺织以给朝夕，三家之市，人挟一布一缣已谙石粟。"其属州县如高唐、夏津、莘县、武城等均有了丝、绢、绫、绸等产品。到清代，冠县、堂邑等均生产丝绸。主要有首帕、汉巾、丝布、丝线、帛货等。质地虽不及苏杭产品，却在北方城市被誉为上品。北到京师、宣府，南至河南、开封不少地方都有专门经销山东丝绸的店铺，与南京苏杭的罗缎铺、山西的潞绸铺、泽州的帕幔铺相比肩。

二、明清山东礼仪服饰的工艺技法

明清山东礼仪服饰中包含刺绣、妆花、织金等在内的多种工艺技法。其中鲁绣所用较多，也最具地域特色。它是明清时期山东地域的风土人情、风俗信仰和地域文化的表现。礼仪服饰通过鲁绣增加了层次感，使面料产生不同质感的对比，图案更加华丽、生动。鲁绣又使图案造型得到固定，服饰穿着起来平整、美观。

鲁绣又称作"齐纨"或"鲁缟"，是我国刺绣工艺史上记载最早的品种之一。从商周到春秋，山东地域丝织水平发展始终处于领先水平。鲁绣便是在这一基础上逐步发展起来的。秦汉时期，鲁绣已经遍及山东民间。明清时期鲁绣在山东礼仪服饰当中已相当普及。以孔府旧藏的明代裙子中的花朵为例，从根部到花梗、叶片、花瓣均采用鲁绣针法。辫绣套针、缀绣、打籽针法皆有使用，所绣花朵栩栩如生、生动自然，体现出鲁绣针法细腻、灵动、多变的特性。

清末，随着西方织绣工艺的传入，山东文登等沿海地区将鲁绣技法中融入西方抽纱技艺，博采众长为传统平面刺绣增添了些许立体感。形成了构图巧妙、色彩斑斓、针法苍劲的工艺特征，颇具北方民间意蕴。目前山东博物馆、孔子博物馆、青州博物馆、江南大学服饰传习馆等现存的明清山东服饰中，包括袄、衫、褂、裤、鞋、云肩、荷包、鞋垫等无不体现着鲜明的鲁绣工艺。根据明清山东礼仪服饰中鲁绣的针法特点和适用题材，可将鲁绣分为绗针绣、柳针绣、锁链绣、盘金绣、绞线绣、包梗绣、平针绣、掺针绣、套针绣、抢针绣、乱针绣、打籽绣、钉线绣、钉线绣、平金绣、套针、平针、网绣、缀绣，如表6-5所示。

表6-5　明清山东礼仪服饰中的鲁绣针法

名称	特点	适用题材
绗针绣	针脚均匀，整齐；分为等间距绗、密集绗、点针绗	花卉的枝干、叶脉以及各种线条纹饰
柳针绣	单针柳背面针脚之间不重叠，双针柳的针脚重叠；绣出的线条具有立体感	花卉的枝干、叶脉以及各种线条纹饰
锁链绣	链与链之间的距离相对整齐、线圈均匀	一般作用于服装边缘或条形纹样
盘金绣	绣金线于已有图案上	图案轮廓线、独立线形装饰
绞线绣	通过绕缝使线迹相互交错	简单的几何图形或条形装饰
包梗绣	用平绣技法在已有棉或粗线上刺绣	花草或枝杈等具有立体效果的图案
平针绣	齐针平铺整个图案，方向为横向、竖向、斜向	小面积图案
掺针绣	长针脚与短针脚交替使用，由里向外走针呈放射状排列	各类团纹、写实性图案
套针绣	色彩之间用叠套技法过渡自然	写实性图案
抢针绣	针脚按色度分批绣制，色度多则分批多	各类团纹和花卉
乱针绣	交叉短线条，分层加色	风景、油画等
打籽绣	绣线挽出大小相同的小扣，紧密排列	花蕊、果实
钉线绣	将绣线在面料上摆出某种形状再加以固定	圆形图案
平金绣	金线盘排走线，色彩多则层次丰富	龙凤、动物、植物
套针	绣线层层相套，如同犬牙相错	石榴、果实、方格、三角等
网绣	按网状结构走线	荷包
缀绣	剪好的布制纹样缝于面料上并在上面刺绣，之后用金线沿图案外轮廓走针	花蕊与枝干

明清鲁绣的针法丰富，所绣图案或豪放或恬淡或浓艳或自然，如图6-17～图6-22所示。掺针绣自由洒脱，常用来表现大自然的景色。柳针绣用来装饰边缘以及填充图案内部线条。锁链绣可用来表现各种不规则图

▲ 图6-17 打籽绣

▲ 图6-18 套针绣（一）

▲ 图6-19 套针绣（二）

▲ 图6-20 抢针绣

▲ 图6-21 钉线绣

▲ 图6-22 盘金绣

案，通过或大或小针脚表现层次感。盘金绣用金色或银色丝线围出不同形式的曲线，再用其他线将其固定在织物上，也可用于装饰图案边缘。绞线绣可用于表现明线辑。包梗绣同柳针绣用法基本相同。套针绣以长针脚搭配短针脚，相互交错覆盖。抢针绣多用于表现图案色彩的减变或明度推移，与套针绣走线类似，所不同的是只有短针没有长针，在表现渐变时要多批走针，批数越多层次越丰富，表现出柔和雅致的效果。

鲁绣工艺在博采众长的基础上又保持着自己独特的艺术风格。第一，用双股棉线刺绣，不仅图案牢固、耐磨，而且质感苍劲。第二，色彩艳丽，对比强烈。鲁绣的常用色彩多为饱和的红色、蓝色、黄色等，其搭配方法多以补色搭配，或与黑色搭配产生强烈的色彩对比，体现出山东地域以农耕为主追求淳朴自然的风貌。第三，独具特色的针法体系，表现手法丰富多样。第四，具有北方地域特色的粗犷风格，强调工艺性，注重装饰性的表达，服饰中的图案多反映美好的人生追求。

第三节　本章小结

本章探究了明清山东礼仪服饰图案、面料和工艺技法的典型特征。包括图案的装饰特征、题材、文化内涵、装饰形式；以棉和丝为代表的主要服饰面料以及以鲁绣为主的山东地域典型工艺技法，得出结论如下。

（1）图案方面。明清山东礼仪服饰图案具有典型的汉民族特色，图案布局讲求对称、均衡，繁简相宜。图案中的吉祥寓意丰富，婚服图案多体现对爱情的憧憬和对护生纳吉的期盼；葬服图案充满对死者在阴间生活的人文关怀和对佛道信仰的抒发；祭服图案庄严肃穆。明清山东礼仪服饰图案将山东地域独特的民俗意蕴发挥得淋漓尽致，真正体现出"图必有意、意必吉祥"的文化内涵。其中，明代礼仪服饰图案造型较为粗犷、色彩稍显浓重，清代继承了明代图案的主题内容题材和构图进一步充实，其图案整体上更加细腻清秀，在构图方式、图案设计和着色搭配方面呈现出堆砌与繁杂的特点。

（2）面料与工艺技法方面。随着明清山东地区棉花种植的普及和纺织工艺的改进，出现了品种丰富的布匹，丰富了人们制作礼仪服饰的面料选择，除昂贵的丝、绢、绸等面料之外，由棉布、棉线制作的鞋、袜等日益增多。在一定程度上也打破了不同身份阶级在服饰领域的界限，传统的衣着质朴观念与崇奢尚华风气相互转变，也是社会阶级性发展的一种进步。服装制作工艺作为民间传统手工技艺的特殊类型，凝结着山东人民生产和生活的智慧，是山东地域传统民俗生活、地域文化的重要组成。鲁绣针法的丰富，在传承明代技法的同时也根据时代的发展、生活环境的改变不断创新，使明清山东礼仪服饰因此而具有浓郁、自然的地域特色。

第七章

明清山东礼仪服饰影响因素

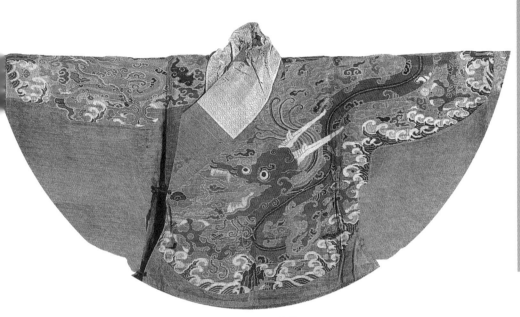

传统质朴到奢华相向

恢复礼制·重易华服

扩大移民、习俗互通

经济的发展，带动了棉纺织与丝织业，为地域礼仪服饰提供了更为丰富的原材料。

教育的重视，造就了礼仪之邦依礼而行的思想氛围。

地域的自然和气候环境，使礼仪服饰面料、色彩与图案素材的选择更具独特性。

政治对服饰制度的主导，使山东礼仪服饰在谨遵诏令的严谨与礼俗互动中多元并存。

礼仪服饰深受地域自然因素和人文因素的影响。它深刻反映了一个时代的精神风貌和地域思想观念，成为时代和地域社会文化的表象体现，具有鲜明的社会性内涵。跨越明清两朝的山东礼仪服饰在五百余年的时间里从色彩、款式、面料、图案到不同礼仪的服饰搭配方式均发生着符合时代特征又独具地域特色的变化。这些变化因素来自地域地理、气候、政治、经济、教育文化等因素，本章逐一展开论述。

第一节　明清山东地理及气候因素

地理环境作为一种长期稳定的客观因素，是人们赖以生存的基本物质条件。地域礼仪服饰色彩、面料等是地域范围内人们适应自然环境、地理和气候条件的结果。本书针对明清时期山东地理地貌特征、自然环境与气候展开论述，探讨其对礼仪服饰的影响。

一、山东地理地貌特征

山东省地处华北平原，地形复杂，具有山地丘陵与平原盆地纵横交织的地理特征。这里的山川河流赋予人们物资资料的同时也给予地域礼仪服饰独特的创作源泉。明清时期山东的空间分布上看由内陆与沿海组成，内陆地区包括鲁西、鲁北、鲁西北平原、鲁南和鲁中山区。沿海地区主要是指鲁东地区。鲁西和鲁北地区，地处黄河下游，由黄河冲积而成，海拔一般在50m以下，是黄河三角洲海拔最低的区域，地势平坦，土层深厚，土质肥沃。气候温暖湿润，具有天然的优质农耕条件，是山东最主要的粮食、棉花产区。棉、桑种植较发达，棉田面积占全省60%以上。

鲁中及鲁南为山地丘陵，众多山脉环抱，峰峦起伏，地势由中部丘陵向四周逐渐降低，大部分地面海拔500m左右。鲁中山区耕地资源较差，且多是贫瘠的山地，粮食产量不高。加之交通不便利，粮食流动受到较大影响，大规模输入相当困难，遇到灾荒便有大量人口逃荒在外。但是桑蚕业、大豆和花生种植是该区农业的主要特色。鲁东部为半岛，海洋性气候明显，是一个渔农兼作，贸易发达的地区。渔业及沿海贸易是该区域的经济支柱。而土地的盐碱性特征，不利于农业种植，即便丰年粮食仍匮乏。

二、自然环境与气候

自然环境对礼仪服饰色彩有着直接影响。例如鲁西平原一望无际的黄土地上到处生长着缤纷的植物，这些丰富的色彩赋予黄河沿岸独特的色彩面貌。其服饰色彩多以饱和的红色与绿色相搭配。明清山东礼仪服饰色彩总体呈现出鲜艳亮丽的特征，常用的色彩有大红色、桃红色、青色、湖蓝色、绿色、黑色、黄色、白色等，且多用对比的方法进行搭配。

自然地理环境决定了当地丰富的生物种类来源，也为服饰刺绣图案提供了多样的素材来源。山东境内贯穿着河流与湖泊数百条，沟通南北动脉的人工河流京杭大运河，自北由德州入境，流经兖州、东昌、济南三府，在山东境内长度约400km。黄河、沂河、小清河等流经各府州县。滔滔黄河奔流而下，经山东入渤海。随着雨季的到来进入汛期，河水含沙量大，每年平均从黄河中上游带到下游的泥沙总量有亿吨之多，大量的泥沙在入海口堆积。山东西南部又被称为鱼米之乡，全省的湖泊主要为南四湖和北五湖，湖里遍地莲花，人们钟情于莲花，因为莲不仅结子速度快，而且结子数量也特别多。服装上绣有莲花寓意夫妻也能拥有像莲一样旺盛的生育能力。以鱼、鸳鸯为主题的图案，常常出现在婚礼服饰当中并与莲花、莲蓬和水纹相互组合。

明代正统天顺年间至清代咸丰年间，地球经历了剧烈的气温下降，被誉为中国历史上的"小冰期"，这一时期严寒不断侵袭，冷冬、冷夏现象频繁出现。小冰期的寒冷化严重危害了作物的生长，而且规模空前的自然灾害频繁而至。山东境内频繁出现旱涝、霜冻等。这一气候特征在山东地方志多有记载，正德二年（1507年）冬，德平县境内积雪"拥门塞巷，穴之以出入。畜多冻死者"。万历六年（1578年），峄县降雪持续一个月有余，积雪"压庐舍，人多僵毙"。滕县大雪"深及牛目，树木皆冻死"。金乡县积雪达三尺，"竹尽枯，树死大半"。在这种寒冷气候的影响下，礼仪服饰的选择方面多为丝绸、锦缎，夹棉的袄或袍服。女性在冬季的婚服裤子多有绑腿，这样的装扮不仅利落还有保暖的实用功能，与明清山东的寒冷气候有关。无论四季葬服都会选择穿着生前华丽的棉服，祈望死者往生之后不挨冻。

第二节　明清山东政治影响

礼仪服饰所体现的既是时代精神和思想观念，也是社会文化。作为一种文化事象，它深受社会政治的影响并依附于政治、服务于政治。本节从明初移民政策促使山东与山西地域习俗互通，恢复礼制，重易华夏礼服风貌等方面展开论述。

一、扩大移民，习俗互通

明清时期，山东是最大的移民地区之一。明初，由于自然灾害和反复征战，加之靖难之役使多个地区呈现出荒地多的衰败面貌，人口流失十分严重。为了使山东尽快摆脱困境、发展生产恢复经济，政府积极地下发移民政策，将人口富足地区的居民迁入山东。使山东成为华北地区移民最频繁的地域。明初山东移民主要来源于山西、河南等地。大量外来移民的迁入，充实了山东人口，完成了山东人口的重组。据统计，洪武年间移民占比约35%左右，其中，在184万移民当中，山西移民达到121万人之多，占比约66%。其次是来自河北的移民，约35万人，占比约19%。明初山东移民的具体来源与分布，如表7-1所示。

表7-1　洪武时期山东移民原籍分布　　　　　　　　　单位：万人

地区	山西洪洞	河北	江苏	河南	其他省	合计
东昌府	18.0	0.2	0.2	—	—	18.4
兖州府	50.1	0.6	3.2	0.6	0.5	55.0
青州府	11.0	20.5	6.3	0.3	3.0	41.1
莱州府	6.0	1.8	0.2		0.8	8.8
登州府	11.8	—			2.5	14.3
济南府	24.5	12.3	—		4.2	41.0
合计	121.4	35.4	9.9	0.9	11.0	178.6
百分比（%）	68.0	19.8	5.5	0.5	6.2	100

明初政府把迁入山东的移民编入当地户籍，按照屯地形式组织起来进行垦荒，外来民俗与山东本地民俗相互融合，最终演变为山东地方民俗的一部分。在民俗节日中，寒食节与清明节最具典型。冬至后105天为寒食节，次日禁火、冷食。清明节山东各地都有插柳条、松枝的习俗，这一习俗源于山西，由山西移民带入山东，在长期生产和生活过程中成为山东习俗的一部分。

二、恢复礼制，重易华服

明清时期的山东礼仪服饰受政治的干预和支配，依附并服务于政治。服装的形制特征、着装方式、审美观念均折射出鲜明的政治意识形态。明初服饰制度改革将"改衣冠，别章服"与"制礼乐，定法制"相并列，构建出与社会等级秩序相对应的、严格又相对完善的服饰秩序。此时的服饰除被赋予了更多文化内涵和政治意味，成为礼制重建的重要内容，同时也是"文明"

的同义词。朱元璋认为元朝兴起于沙漠，是蛮夷之族，入主中原后使汉民改变了原有的生活习俗，服饰礼仪几乎消失，变得既不知礼也不知丑。政令要求恢复礼制，重新易回华夏之服，从多方面恢复和完善汉民族的衣冠服饰文化体系。袖子的宽窄和衣衫的长短是分辨华夷的显著标志，要求民间女性的服饰以其革除"窄袖短衣"胡俗、恢复"宽衣广袖"的传统形制。服饰改革展现出对女性礼仪服饰的格外关注，《劝兴礼俗诏》诏令规定："品官命服冠服及士庶衣冠，通行中外，俱有定制。惟民间妇女首饰衣服，尚循旧习，宜令中书省集议冠服定制，颁行遵守，务复古典，以革近俗。"规定民间妇女以大袖交领、衣长至足的团衫为礼服。明代山东礼仪服饰在形制和色彩方面全方位遵循政令要求。礼仪服饰中的袍服沿袭了中国传统"上下通裁"的裁剪方式及中轴对称的服装造型方法，裁制后的衣片呈现出平面"十"字形，最大限度地保留了衣片的完整性。衣片前后、左右对称，穿着之后两袖沿着肩部自然下垂，廓型宽松，袖长过手，表现出礼仪服饰庄重、典雅的艺术特征，也充分体现出明代山东礼仪服饰尊重传统的特点。服饰色彩恪守儒家尊卑有序的色彩观，以正色为主色，间色为辅助色，等级标识鲜明。明代服饰恢复了汉族的传统和礼俗，规定庶民婚礼时新娘可以着花钗大袖九品婚服，唯有霞帔不能用龙凤纹。明代山东新娘所穿的真红大袖衫、凤冠、霞帔是婚服的基本搭配形式。孔府旧藏的大红四兽通袖袍为衍圣公夫人婚娶时所穿，作为明代山东女性婚嫁的主服。其廓型遵循汉民族宽衣大袖的服饰特征，所用色彩也遵照五行五色观。清代女性婚服中的霞帔与明代婚服相比也有了明显的变化。霞帔正中缀以其夫品级图案相同的补子，以示身份，而补子的尺寸比男式补子略小，体现出男尊女卑的传统观念。

清代前期男子的婚服、葬服和祭服基本沿袭明代服饰特征，随着"汉从满制"政治制度的推行。清代阙里祭孔服饰也随之发生了变化，据《清会典图》及《（康熙）山东通志》卷三十记载，清代祭孔乐生及舞生服饰具有相同的色彩及形制，同为红色，袍服形制为大襟、右衽、窄袖、内穿白色绸裤，足蹬黑色靴子。可以看出无论主祭还是乐生、舞生的袍服均由明代的宽衣大袖改为了箭袖。既传承了汉族礼服的服饰特征，又融合了满族服饰风貌于其中。清末，随着新派知识分子向世俗挑战，山东的天足运动逐步发展。天足运动正式得到政府认可，开始以天足为美是源于1902年2月1日慈禧太后劝诫缠足的谕旨颁布："汉人妇女率多缠足，行之已久，有乖造物之和，此后缙绅之家，务当婉切劝谕，使之家喻户晓，以期渐除积习。"天足运动的蓬勃发展遍及山东在内的中华大地。山东的不缠足运动自清末劝禁缠足开始，1906年中国天足会确立，随后山东沿海和泰安等地也相继设立分会。山东的天足运动如火如荼地展开。缠足根植于男尊女卑的封建思想观念之中，是女性依附家庭和丈夫的表现，与三从四德的传统观念相吻合。天足运动唤起山东女性的觉醒，经过满族同化，太平天国运动、维新变法、新政等各种政治力量的干预，最后得以改观。对比明清山东女性的婚鞋可以发现，现存的清代山东女性婚鞋已明显比明代宽大，并出现了适用于天足的婚鞋，说明政令对清代山东礼仪服饰产生了明显的影响。

第三节　明清山东经济发展

明清时期的山东是一个传统农业地区，棉花和丝绸成为山东种植和对外贸易的主要产品，很大程度上加快了地域经济商品化的进程。作为礼仪服饰变迁的物质基础，棉花和丝绸的发展也为礼仪服饰增添了丰富的面料选择。

一、明清山东棉纺织业

明代到清代，山东的棉业经济实现了从政府主导到贸易驱动的转变。明初，山东棉花种植以政府性强制征收为主，仅供自产自用，棉纺织业尚未成熟，家庭手工业发展范围很小。进入清代，随着赋税制度和加工技艺的日趋成熟。山东的棉布品牌甚至商号相继诞生而且山东棉商也抢占了北方市场。棉花等经济作物的种植及棉纺织业的蓬勃发展促使山东的产业和经济结构进一步完善。

棉花种植在国家强制性政策下发展起来。由于明清山东水旱交替、气候恶劣，而棉花对旱涝的适应能力较强，利润大，产量高。同时棉布在粮食歉收时也是政府折征税粮的主要替代品，是山东大面积推广种植的经济作物，如表7-2所示。植棉的经济效益明显提升。据《农政全书》记载："齐鲁人种棉者，即壅田下种，衰三尺留一棵，亩收二三百斤以为常。"在实用性方面，棉布在山东秋冬季节能够抵御严寒又质地轻薄，同时低廉的价格是丝织品无法比拟的，使山东民众有了更多选择。棉纺织品逐渐成为百姓服饰品的首选。随着山东的纺织工艺水平逐步提升，能够织出越来越多品种各异且精美靓丽的图案，无论粗布还是细布均受到社会各阶层人士的欢迎。棉花织成的棉布不仅用于制作礼仪服装，也用于礼仪饰品中的靴、帽加工。它在满足山东民众日常服饰选择的同时也提供了大量礼仪服饰面料。明中期以后，随着市场需求的扩大，山东地区的家庭棉纺织业的生产质量和生产效率不断提升，加之商品性流通也逐渐发展起来，围绕棉纺织业产生出农作之余蓬勃发展的家庭纺织业，为民众生活提供了更多保障。清代山东的棉花种植更加普遍，呈现出集中化的趋势。鲁西、鲁西南平原植棉优势依旧明显，鲁北地区也一跃成为山东经济中心。

至清代中期，山东织造颇具地域特色的棉布已经能够抢占一方市场，棉纺织业成为山东新兴的行业个体。山东的六十多个州县具有棉纺织生产能力，且济南府齐东、章丘、邹平等地已成为重要的棉布输出地区，所产棉布运往关东。到乾隆、嘉庆年间，山东由明代的棉布输入区转为输出区，所生产的洋布、洋纱每年有300万～500万匹外销。棉花商品化不仅带动了社会消费，也使人们由传统的衣着质朴向崇奢尚华转变。婚礼用的大红棉袄、红棉裤、棉鞋，葬礼用的寿衣、帽、袜，祭祀用的礼靴等均用棉布。同时，棉布逐步替代了麻布成为丧服的主要面料，山东丧服多以棉布作为大功以下的五服面料。以棉布为礼仪之衣是社会阶级性发展的一种进步。

表7-2　光绪三十四年山东不同州县棉田面积统计

州县	耕地（亩）	棉田（亩）	棉田占比
临清州	995262	264098	26.5%
夏津县	726727	356700	49.1%
清平县	731884	32000	4.4%
高唐州	798221	279800	35.1%
堂邑县	880266	20000	2.3%
恩县	1332996	11000	0.8%
丘县	658181	80920	12.3%
馆陶县	1245333	115000	9.2%
冠县	1113091	71000	6.4%
合计	8481961	1230518	14.5%

二、明清山东丝织业

明清时期，丝织业在山东纺织生产中占重要地位。从明初位居全国第二层次到清末跻身前列，丝织业的不断发展使山东婚礼服、葬礼服和祭祀服饰面料有了更多选择，呈现出更加丰富多彩的面貌。明初，山东栽桑养蚕、缫丝纺织成为一种普遍的家庭副业，无论山区和平原，农户普遍养蚕、种桑、缲丝、纺织成绢、绫等产品。如临淄"商贾治丝布、业香屑而止";寿光"平原沃土,桑麻蔽野,人皆务农,逐末者少";登州府"农作外,间治蚕桑";济南府"桑间采尽干条叶,机上抽成万缕丝"。由于这一时期我国气候进入寒冷的小冰川期,蚕桑丝绸业生产的最佳区域南移,政府开设的几个官营丝织业生产中心都集中在江浙地区,山东在全国蚕桑丝绸业生产中的地位有所下降,加之山东蚕桑丝绸业在元末明初因为种种原因而受到打击,洪武年间山东所缴纳的丝织品在全国所占比重不大,蚕桑丝绸业水平位列第二层次。丝绸业中心地位的丧失,使山东高档丝织品的生产及品种明显减少,所生产的主要是一些实用性强、市场上销量较好的民用丝织品。周村只能织小绸子、小绫子、小方绸、大绫子,如二八绸子、三二绸子、二丈绫子、滚宁绉等,分量轻,绸面窄,组织简单,没有图案,主要用于做彩旗、寿衣之类。通过对明代山东布政司赋税中的纺织品缴纳统计情况,如表7-3所示分析可知,洪武年间山东布政司的丝织品税收仅涉及绢,弘治及万历年间,所缴纳的丝织品品种明显增多,有丝锦、本色丝、人丁丝、农桑丝等,这些大多折合成绢征收,而且数额和所占比例已达到60%以上。这说明桑蚕丝绸业经历了明初的衰败到明中期已经走出了阴影,重新站在了全国丝绸行业的前列。

表7-3 明代山东布政司赋税中的纺织品缴纳统计

时间	十三布政司并直隶府州	山东布政司	山东所占比例
洪武二十六年	夏税绢288487匹、秋粮绢59匹	绢23932匹	约占8.29%
弘治十五年	丝绵折绢34962匹、农桑丝折绢91104匹、本色丝8448斤、税丝折绢4420匹、人丁丝折绢40576匹、地亩棉花绒246569斤	丝绵折绢22165匹、农桑丝折绢32825匹、本色丝20斤、地亩棉花绒52449斤	丝绵折绢占63.39%、农桑丝折绢36.03%、本色丝占0.23%、地亩棉花绒占21.27%

时间	十三布政司并直隶府州	山东布政司	山东所占比例
万历六年	丝绵折绢34261匹、农桑丝折绢91327匹、本色丝8601斤、税丝折绢39869匹、人丁丝折绢40734匹、地亩棉花绒244129斤	丝绵折绢22165匹、农桑丝折绢32825匹、本色丝20斤、地亩棉花绒52449斤	丝绵折绢占64.69%、农桑丝折绢35.94%、本色丝占0.23%、地亩棉花绒占21.48%

清代，随着对外贸易的加强，山东丝织品种类增加，如周村一带，机坊不断增加，所织的产品分量逐渐加重，面子加宽，清末已能织"洋绉"，如双绫洋绉、单绫洋绉、五二洋绉、五四洋绉等。在种桑普遍的地区，也出现了高质量的丝织品。济南府的绵绸"密而贵"；东昌府临清州所织"帕缦，条极绮丽"；兖州府的绫"坚密，不能为他织文矣"。同时，山蚕业的发展，谱写了山东丝织业的辉煌篇章，并且为礼仪服饰面料提供了更多选择。山蚕是放养在山区树丛中的野生蚕种，又叫野蚕，是一种适应能力强，对生长条件要求低的蚕种。只要有柞、椒、椿、槲树的地方，都可以放养，放养面积大，无须准备蚕室和特殊饲养工具，且不占用耕地。一年春秋两季皆可缫织，丝粗而韧，加工成绸类称为山茧绸或山绸。绸色泽光艳，质地柔和，具有冬暖夏凉的特性，深受人们喜爱。山蚕中产量最多的是柞蚕。柞树大面积种植于山东东部和东南部的山地丘陵，自明代中后期开始，由于长期的大规模的人工养殖，人们积累了丰富的山蚕纺织经验，能织出如绒一般的高品质丝织品，可以与明代每匹价值百金的昂贵的大绒价值相等。《阅世编》记载："山东茧绸，集蚕茧为之，出于山东椒树者为佳，色苍黑而气带椒香。与前朝价与绒等，用亦如之。"此外，在广大的山蚕区产生了因丝织"家至巨万者"的富裕人家。丝织，由家庭副业向家庭丝织专业转化。在山蚕养殖集中的胶东半岛以及鲁中和鲁西南山区，山蚕业日益兴盛，养柞蚕织山绸成

为山东农家的重要副业。清初至清中期,伴随着山蚕养殖的发展,雇佣关系应运而生。例如在不适宜养殖山蚕的地方,出现了专门从事山蚕茧和丝缫织工作的人群,而一些山蚕产区以专业出售山蚕茧为主要工作,形成了山蚕放养、缫丝、纺织各项工作细分的专业化经营。乾隆时期丝织业在多数家庭得到普及。临清更是靠本地区及其他地区的蚕丝来发展丝织业。反映出产茧与纺织、缫丝与织丝的具体分工,专业化程度进一步提高。清末,形成了以胶东半岛烟台为中心的缫丝生产中心和以莱州昌邑为中心的纺织业中心。在丝绸的缫织方面,山东蚕桑丝绸业很快走出了衰败的阴影,所缴纳的品种、数额及所占比例看,少的占到30%,多的甚至达到60%以上。重新站到全国丝绸行业的前列,山东的蚕桑丝绸同山西、安徽、湖北、湖南等地一起成为当时重要的蚕桑丝绸业生产基地。

山东布政司丝织品的缴纳和起运,靠的是各地蚕桑丝绸业的发展。有关这方面的情况,王曾瑜先生曾根据山东各地方志做过相关统计,结果显示明代山东六府以及部分州县均有蚕桑丝绸业生产,并且贡赋丝织品。如济南府在嘉靖年间缴纳丝2091斤、绢5265匹、农桑丝18斤、绢11390匹、花绒14066斤;兖州府在嘉靖年间缴纳丝绵绢3719匹、农桑绢10078匹、花绒17064斤,万历年间缴纳农桑折绢10078匹、丝绵折绢3717匹;青州府在嘉靖年间缴纳地亩丝绵绢5933匹、农桑丝绢4703匹、花绒2794斤;东昌府万历十二年缴纳农桑折绢1452匹、丝绵折绢2658匹、地亩棉绒15701斤;登州府在嘉靖年间缴纳丝绵绢1962匹、农桑绢2592匹、花绒858斤;莱州府在嘉靖年间缴纳丝绵绢2682匹、农桑绢2016匹、花绒1962斤,万历年间缴纳丝绵绢2431匹、农桑绢2268匹、花绒2062斤。以上表明明代蚕桑丝绸业遍及山东。将明清时代东昌、登州、莱州三府丝织品缴纳情况进行统计,如表7-4所示。

作为赋税的一部分,即使是先前不缴纳丝织品的登州也开始缴纳丝织品。这说明，明清时代山东所有的州县都在从事蚕桑丝绸业的生产并以此缴纳赋税。明清时期，尽管等级制度越来越森严，丝织品的等级划分也越来越明确，但丝织品成为日常生活用品的趋势越来越明显，无论品官还是平民，都可以服用不同级别的丝织品，柞丝绸既可以制作礼仪服装又可以作祭祀的神帛使用，可以说柞绸的出现丰富了当时人们的礼仪生活。随着祭祀及礼仪制度的日益完备，所需丝织用品也越来越多，凡祭祀活动和场所都有神帛出现。《光绪登州府志》记载，登州府每年或一次祭，或实行春秋二祭，祭品中必有帛。曲阜孔府档案资料选编第三册第三编中记载明代山东礼仪服饰面料均为绸缎。例如"绛色大寿字江绸二匹、大红江绸绣五彩金龙蟒袍面一件、绿江绸绣五彩金龙裙面一件、大红果绿绉绸绣花手帕各一块、绿江绸五彩绣花金龙蟒袍面一件、宝蓝江绸一件。"孟府收藏的服装、鞋帽也多以绸缎为主，如："红缎彩绣弓鞋，蓝绸蟒袍等。"由于印染、刺绣、提花、缂丝、镶嵌等服装工艺大大提升，织机的改进和推广，让人们能够在各种面料上织出变幻无穷的图案，从而设计制作出无数美不胜收的礼仪服饰。极尽华丽之能事，使服饰的美丽发挥到极致。

表7-4　明清时代东昌、登州、莱州三府丝织品缴纳情况统计

府	州县	农桑折绢（匹）	丝绵折绢（匹）	棉花绒（斤）
东昌府	聊城县	46	150	530
	堂邑县	109	160	609
	博平县	66	90	288
	荏平县	92	196	562
	清平县	63	118	83
	莘县	149	119	978
	冠县	122	181	498
	临清县	33	212	1135

府	州县	农桑折绢（匹）	丝绵折绢（匹）	棉花绒（斤）
东昌府	丘县	64	133	381
	馆陶县	62	158	727
	高唐州	53	275	2798
	恩县	103	190	1284
	夏津县	34	209	2196
	武城县	40	115	1093
	濮州	115	99	387
	范县	63	51	367
	观城县	47	52	447
登州府	蓬莱县	175	224	137
	黄县	456	178	13353
	福山县	457	147	114
	栖霞县	303	165	10126
	招远县	116	154	750
	莱阳县	560	595	13138
	宁海州	179	206	11156
	文登县	325	291	64
莱州府	掖县	314	62	50
	平度州	187	426	84
	昌邑县	199	456	159
	潍县	277	495	592
	胶州县	394	311	317
	高密县	237	333	414
	即墨县	656	345	445

明清时期山东农业的发展，带动了手工业及商业的发展。棉纺织品和丝织品的快速发展为祭祀礼仪服饰和婚礼服饰提供了更多选择空间，织绣技艺的提升也使礼仪服饰变得更加多姿多彩。这种手工业与商业的结合，标志着明清时期山东已经由小农经济向小商品经济转化，商业进一步发展。

第四节　明清山东教育与文化

山东独特的地域文化和教育对当地民众的礼仪风尚和礼仪服饰特色有着直接的影响。山东自古便是中国文化和教育的中心，自西周起就以诗书礼乐闻名天下。秦汉以降，儒家思想被确立为国家学术思想的正统地位之后，教育随即被纳入了统一要求的规范之中。明清时期的山东尊师重教蔚然成风，孝悌思想深入人心，婚、丧、祭祀礼仪大多依礼而行，受其影响礼仪服饰穿搭多以德主刑辅、礼乐合一为原则。

明初，山东处于相对封闭又稳步发展的状态之中，在教育方面基本沿用着传统的教化原则。各地设立社学，兴建书院，以教育民间子弟，本书初步统计了明清山东部分书院情况，如表7-5、表7-6所示。

表7-5　明代山东部分书院一览表

名称	地址	建院时间	何人所建
文正书院	邹平	成化十六年	李兴（知县）
长白书院	邹平	成化十八年	李光（知县）
大成书院	肥城	嘉靖年间	刘赞（知县）
观礼书院	莱芜	隆庆年间	傅国璧（知县）
章贤书院	滋阳	嘉靖八年	刘梦诗（知府）
崇德书院	泗水	嘉靖年间	韩襄
文学书院	莒州	弘治六年	赵鹤龄（副使）
闵子书院	沂水	正德八年	江渊（知县）
奎山书院	日照	嘉靖年间	冯舜田（知县）
重华书院	曹州	万历年间	李天植（兵备道）
松盘书院	观城	嘉靖三十六年	马升允（知县）

名称	地址	建院时间	何人所建
青莲书院	恩县	万历四十五年	周潘（知县）
清源书院	临清	嘉靖十一年	齐之（副使）
学道书院	武城	隆庆元年	金守琼（知县）
松林书院	青州府	成化年间	李昂（知府）
云门书院	青州府	万历四十年	高弟（付使）
崇议书院	益都	正德九年	片签
胸山书院	临朐	嘉靖十一年	褚宝（知县）
沧浪书院	诸城	成化十一年	阚鼎（知县）
东武书院	诸城	嘉靖二十七年	祝天民（知县）
河滨书院	黄县	嘉靖年间	贾璋（知县）

表7-6　清代山东部分书院一览表

名称	地址	建院时间	何人所建
泺源书院	济南	雍正十一年	岳濬（巡抚）
景贤书院	济南	康熙五十七年	黄炳（按察使）
济南书院	济南	嘉庆九年	铁杰（巡抚）
阳邱书院	章丘	康熙三十一年	戴瑞（知县）
梁邹书院	邹平	道光八年	李文耕（知县）
般阳书院	淄川	康熙二十八年	周统（知县）
崔公书院	新城	康熙二十八年	崔懋（知县）
闻韶书院	济阳	道光四年	李若琳（知县）
敷文书院	禹城	嘉庆八年	童鹏翔（知县）
敬业书院	德平	乾隆三十二年	彭宗谷（知县）
白麟书院	德平	乾隆六十年	钟大受（知县）
景颜书院	平原	嘉庆二年	张予定等（乡绅）
岱麓书院	泰安	乾隆五十七年	徐大榕（知府）
鸾翔书院	肥城	道光二年	刘宇昌（知县）
敖山书院	新泰	乾隆三十八年	胡叙（知县）
正率书院	莱芜	康熙十二年	叶手恒（知县）
榆山书院	平阴	乾隆十五年	刘代闻（知县）

名称	地址	建院时间	何人所建
敬业书院	武定	乾隆三年	姚兴（知府）
乡升书院	枣庄	道光十五年	关应龙等
锄经书院	青城	道光二年	劳崇曦（知县）
文津书院	乐陵	乾隆二十五年	王谦益（知县）
振英书院	蒲台	嘉庆二十五年	李文耕（知县）
少陵书院	兖州	康熙二十二年	张鹏翮（知府）
文在书院	滋阳	康熙二十二年	张鹏翮（知府）
泗源书院	泗水	乾隆三十八年	福明（知县）
任城书院	济宁	乾隆三十年	姚立德（知州）
马公书院	鱼台	康熙三十年	马得正（知县）
饶公书院	鱼台	乾隆二十年	饶梦燕（知县）
城阳书院	莒州	雍正元年	陈永年（知州）
六一书院	日照	康熙六十一年	成水键（知县）
奎峰书院	日照	道光十八年	周瑞（知县）
鸣琴书院	单县	康熙三十七年	金天定（知县）
麟川书院	巨野	乾隆十八年	朱容极（知县）
唐文书院	定陶	康熙三十一年	杨禄绶（知县）
回澜书院	定陶	康熙五十年	郑霄（知县）
阳平书院	东昌	康熙五十八年	杨文干（知府）
启文书院	东昌	乾隆三十九年	胡德琳（知府）
光岳书院	聊城	雍正四年	张维垣（知县）
雀城书院	堂邑	嘉庆二十五年	张家梓（知县）

以曲阜为例，在嘉靖年间，曲阜所辖十六社，每社均立社学，选择孔氏生员、儒士人为师，14岁以上的少年均需读书习礼。明代中后期随着社会的发展，区域教育和文化特色依然被人们所继承。据山东各地方志、《碑传集》等所记载的书院名统计，明末至乾隆、嘉庆年间山东书院213余所，达到鼎盛。山东地域文化的繁荣，带动了社会的进步。山东作为传播思想、尊礼依礼的重要地域在明清很多方志中均有此类记载。虽然随着商品经济的发

展社会中出现了违礼逾制等现象，但山东地域所固有的稳定性使礼仪服饰在历史发展中具有一定的继承性。教育的重视造就了礼仪之邦依礼而行的思想氛围，对传统礼文化的重视深深根植于山东人民的内心。礼仪服饰是明清山东伦理道德的载体与表征。人们追求婚姻吉祥，热衷于早生贵子、四世同堂的期盼。几乎婚礼中所有用品、仪式都体现着特定的寓意和婚姻观念。

鱼穿莲、鱼戏莲寓意婚姻美满，踏红毯是为了传宗接代。明清山东的婚姻价值观已由古代生育型转为早立子。以"孝"作为最高"礼"的道德观念，通过"礼"达到对道德的规范，以期教育人们对亲人的孝悌。在丧葬礼仪服饰方面，明清山东的丧葬礼仪集前代之大成，士大夫及名门望族盛行复古之风，对古礼保持完整，沿袭先秦确立的丧葬礼仪。尤其注重五服制度，通过同姓宗族亲疏远近和婚姻关系区别斩衰、齐衰、大功、小功、缌麻，是山东丧葬礼仪服饰严格遵从的。乾隆二十八年（1763）山东《福山县志》记载："三日行成服礼，士大夫多用诸生作礼相。"

明清山东富贵之家送葬场面宏大，蒙熊皮、玄衣朱裳、金面三目的方弼氏在前面驱逐疫鬼开道。儿女们为尽孝道，通过寿衣上有特殊意义的服饰图案为父母架设通往极乐世界的桥梁。例如在寿衣、枕头上绣上公鸡、祥云、旗幡、水纹、寿桃、植物等充满吉祥含义的图案，寓意为逝者照亮前行的道路扫清通往极乐世界的一切障碍。在祭祀礼仪方面，阙里祭孔作为山东祭祀礼仪的代表，每当新的朝代制礼作乐时，都由孔子后裔上报前代祭孔礼乐的具体范本。甚至要求孔家提供制礼作乐依据及修订方案，这也在很大程度上保持了祭孔礼乐的延续性，使祭孔礼乐具有了独立传承、基本程序保持一贯的特征。明清时期，随着孔子地位的提升，曲阜的祭孔更加频繁，一年要祭五十余次，有每年二、五、八、十一月上旬和中旬的丁日举行的四大丁祭、四仲丁祭；还有清明、端阳、六月初一、中秋、十一月初一、除夕、孔子诞辰、孔子忌日所举行的祭祀；以及二十四节祭等。祭孔由主祭、分献、监察、典仪、礼生、乐舞生等百余人组成。祭孔服饰是祭孔礼仪中重要的组成部分，其等级甚为严格，不同款式、不同纹饰、不同色彩均有不同含义，并对应于不同等级、身份的人。主祭为孔子长子长孙嫡系后裔衍圣公。乐舞生都是出身单纯的儒童，以官方择优保送和严格考试相结合的办法录用。主祭需穿着代表自身品级的官服。乐、舞生各有其专用的服饰。明代乐舞生身穿绯袍、戴幞头、着皂靴、系革带。清代乐舞生身穿红绸补袍、头戴禅冠、足蹬皂靴。祭孔服饰具有深厚的人文内涵，以"文质彬彬"衡量服饰的形式美。

第五节　本章小结

本章主要分析了明清山东地域自然环境和社会环境对礼仪服饰形制、色彩、装饰图案、面料等艺术特征的影响，得出结论如下。

（1）自然和气候环境是影响山东礼仪服饰发展的重要因素。礼仪服饰的种类与穿着习惯要考虑气候因素，独特的地形地貌影响着面料的选择，不同地域的自然资源在为服饰提供色彩与图案素材的同时也使其具有独特性。

（2）政治对服饰制度起着主导作用，导致山东地域礼仪服饰谨遵诏令的严谨与礼俗互动中的多元并存。既有恪守政令的品官阶层保持礼仪服饰面貌的相对稳定，也有政令松懈时民间礼服更加自由、多变的特征。形成了明代礼服恢复华夏礼仪，强化汉民族的宽衣、大袖的服饰风貌；清代满汉交融影响下，袍服为窄袖、重装饰，之后太平天国运动和维新派改革、异域文化的渗透带来的新旧并存、中洋共进的地域礼仪服饰特征。

（3）经济是制约礼仪服饰发展的主要因素之一。明清山东的棉纺织业和丝织业的发展为地域礼仪服饰发展提供了原材料，加速了山东商业化的进程。棉花的商品化带动了社会的消费和需求，人们的着装观念由传统质朴向奢华相向，以棉布为礼仪之衣是社会的进步。同时，高档丝绸的增多，山蚕养殖的普及，服装工艺的提升和织机的改造使山东婚礼服、葬礼服和祭祀礼仪服饰有了更多的选择，变得更加丰富多元。

（4）教育的重视造就了礼仪之邦依礼而行的思想氛围，在"约之以礼"的道德行为规范中展现服饰"礼乐"文化的观念。以"孝"作为最高"礼"的道德观念，通过日趋奢华的丧葬服饰、严谨规范的祭祀服饰展现对尊长的孝悌，达到道德的自觉。以寓意吉祥喜庆的婚礼服饰图案，由物质到精神表达对幸福婚姻的憧憬。

明清山东礼文化在礼俗互动中产生
流变，礼仪服饰既有对唐宋之制的传承，也有对
儒家礼仪的尊崇，还有满汉交融中形成
的多元一体的时代特征。

服饰形制以"十"字形平面结构体现出
儒家思想"天人合一"的自然观。

服饰色彩恪守五行五色的审美思想，
图案、面料、工艺展现出时代的织造水平
和山东地域的世风民俗。

自然环境、气候、政治、经济
和教育均对礼仪服饰产生影响。

第一节　主要结论

明清时期山东地域深受儒家礼文化的影响，其礼仪服饰既有明初儒家礼仪的匡复与振兴又有清代满族统治中满汉文化的交融，再有清末革故鼎新的中西融合。它承载着山东独具地域特色的礼俗特征、道德风尚和审美情趣，是保留相对完整，搭配方式较为稳定的服饰类型。本书依托纺织科学、色彩学、民俗学、地理学等学科交叉，以传世实物和出土文物为基础，研究了以婚服、丧服、葬服和祭服为代表的明清山东礼仪服饰变迁、礼制与地域民俗、服饰搭配与艺术特征，得出了以下结论。

（1）明清山东礼文化在礼俗互动中产生流变，依次呈现出匡复与振兴、裂变与传承、交融与革新的时代特征。婚礼在儒家传统礼仪秩序影响下，崇尚门当户对，榜下择婿，具有质朴而等级分明的特征；丧葬礼仪以孝的精神内涵为导向，恪守传统；明中期至清中期，本末观念淡化，礼仪的稳定性发生动摇，地域礼俗产生裂变，不同阶层通婚打破了阶级壁垒，婚礼论财普遍。丧葬追求奢华，讲排场，佛道礼俗渗透明显，僭越攀比之风日盛，反映出社会构架的变化和礼仪约束的衰微。清末，儒家礼文化对于婚丧礼仪的约束明显减少，礼仪在传承中既有保留又有删减，新旧礼仪并存。明清时期阙里祭孔礼仪的祭祀规模更加宏大，等级加隆；从祀制度日趋完善，先贤先儒随着时代的发展有所增加，祭祀乐舞保留完整。

（2）明清时期，以婚、丧、葬、祭为代表的山东礼仪服饰既有对唐宋之制的传承，又有对儒家礼仪的尊崇，还有满汉交融中形成的多元一体的时代特征。明代山东婚服上衣下裳的搭配方式和大红通袖袍、凤冠霞帔的婚服特征极具时代特色。清代山东礼仪服饰仍保留了明代的穿着方式和服装款式，但在满汉交融中，呈现出部分满族服饰特征。丧服通过款式、面料和丧期长短展现亲疏关系且具有道德规范作用。明代丧服呈现平民化趋势，清代着力对本宗的维护。明清山东葬服均为华丽的棉服，具有时代特色。装饰有多彩的宗教纹样，体现出重伦理、佑后世的民间信仰和人文关怀。祭孔服饰的时代典型性和稳定性并存，展现出"文质彬彬""约之以礼"的教化内涵，集礼乐教化于一体。

（3）明清山东礼仪服饰形制以"十"字形平面结构体现出儒家思想"天人合一"的自然观。前后、左右对称的形制特点蕴含着内敛与含蓄的礼仪思想。婚、丧、葬、祭服饰在明代呈现出宽衣大袖的特征，清代传承明代服饰的形制特点又在窄衣、马蹄袖中体现出满汉融合的时代特征。领与襟的局部变化融内外尊卑于其中，袖型随时代而产生宽窄变化。以结构为依托的装饰，不仅勾勒出服装轮廓而且掩盖了线迹，赋予礼仪服装更多美感。

（4）礼仪服饰色彩恪守五行五色审美思想，同时婚服尚红，丧服尚白，葬服饱和艳丽、祭服色彩肃穆，表现出各自不同的礼仪色彩特征与文化属性。借助HSV颜色模型、K-means聚类算法，以Calinski-Harabasz指标，分析礼仪服饰图案色彩，以色环模型分析不同时代的色彩差异。认为明清山东礼服色彩，均以正色为底色，以正色、间色交替使用表现图案。明代婚服底色与图案色呈现出高饱和度的对比关系；清代婚服呈现出高明度对比关系。葬服色彩浓艳，明代用色简约且饱和，清代葬服色彩多元，繁复华丽，采用有彩色对比或有彩色与黑色对比为主。明清山东祭服均选用饱和度居中的正色，构图简约。

（5）服饰图案、面料与技艺展现出明清山东礼仪服饰的不同属性，时代的织造水平和山东地域的世风民俗，真实呈现出社会阶级的发展状况。明清时期棉花在山东普遍种植促使家庭棉纺织的兴起，棉布在礼服中替代部分丝绸被广泛使用，淡化了礼仪服饰的阶级性。婚、葬服饰中，棉布用来制作靴、鞋和袜。丧服中，除斩衰用麻之外，其余均用棉布。礼仪服饰图案有着鲜明的山东地域特色和审美情趣。婚服多以鸳鸯、蝴蝶、鱼或石榴图案象征爱情的美好和繁衍生息。葬服和祭服图案常以如意、盘长、八宝、祥云或莲花表达人伦、佛道信仰。明代山东礼服图案集云肩纹、通袖纹和膝襕纹于一体，具有典型的汉民族特色；清代用团纹装饰，其构图形式和色彩搭配相比明代更加繁复、华丽。鲁绣是山东礼仪服饰中具有代表性的工艺技法。注重装饰性和实用性，具有牢固、苍劲的针法特色，色彩搭配运用补色或黑色，体现出山东地域以农耕为主追求淳朴自然的价值观。

（6）自然环境、气候、政治、经济和教育均对明清山东礼仪服饰产生影响。明清山东极寒天气频现，婚、葬服饰多为棉服，以期温暖、富足。明初的移民政策，在补充山东人口的同时，造就了服饰习俗多元并存的格局。在服饰制度的规范和约束下，明清山东礼仪服饰经历了明代恢复华服时的宽衣大袖，清代异族融合下的窄袖、重装饰，以及清末删繁就简、新旧并存的一系列变革。棉纺织业和丝织业的发展为地域礼仪服饰提供了原材料。织造技术的提升给婚礼服、葬礼服和祭祀礼服面料和工艺更多的选择。教育的重视，使孝悌思想深入人心，婚、丧、葬、祭礼仪大多依礼而行。

第二节　展望

本书还原了明清山东礼文化的发展轨迹，探究了明清山东礼仪服饰的搭配方式与艺术特征，归纳了影响礼仪服饰发展的明清山东社会文化与自然环境因素。以礼为主导的明清山东地域是礼乐文明的发源地，具有深厚的传统文化底蕴。其服饰文化内涵和艺术特征研究是一项宏大而有意义的工程，同时也存在着巨大的研究空间。由于中国古代山东地域礼仪服饰研究还处在初级阶段，受到笔者知识水平、研究时间和方法的限制，本研究虽然告一段落，却依然存在些许不足有待进一步完善。

（1）明清山东礼仪服饰的研究范围有待进一步扩展。本书所研究的明清山东礼仪服饰仅限于婚服、丧服、葬服和祭服，而诞生礼仪服饰、冠礼服饰和传统节日所着服饰等受篇幅所限并未涉及。因此，在未来的研究中应关注到同一历史时期山东地域其他礼服的艺术特征，扩大礼仪服饰研究的版图。同时加强服饰中对礼文化的传承和独特地域民俗的研究。

（2）古代山东地域与其他地域之间礼仪服饰的比较研究有待深入。产生于中华大地的儒家礼文化，是中华民族的根和魂。在全面复兴传统文化，建立文化自信为己任的当今社会，有必要深入研究我国古代礼仪服饰，梳理礼仪服饰在相同时间背景下不同地域的共性与差异性。这一内容不仅包括明清时期还包括中国古代其他历史时期各地域的礼仪服饰研究。受时间和实物资料限制本书并未展开论述。

（3）传统服饰文化体系的研究中交叉学科知识体系的运用有待进一步加强。随着现代信息技术以及新材料的发展，为服饰体系尤其是传统服饰体系的研究视角以及方法提供了更多选择和支撑。本书对典型服饰的形制、色彩、图案、面料和工艺技法等特征进行了梳理，但是涉及织造、染色、纱线纺织等传统技术方面的研究相对薄弱。这是由于笔者对不同学科领域的研究方法和认知的不均衡造成的，是本书的欠妥之处。因此，在未来的研究中有待进一步采用人工智能与信息技术，不断深入完整地复原古代礼仪服饰织造和色彩，对于保护传统服饰文化具有积极的现实意义。

参考文献

［1］张自慧.礼文化的价值与反思［M］.上海：学林出版社，2008.

［2］顾希佳.礼仪与中国文化［M］.北京：人民出版社，2001.

［3］彭林.中国古代礼仪文明［M］.北京：中华书局，2004.

［4］杨志刚.中国礼仪制度研究［M］.上海：华东师范大学出版社，2001.

［5］诸葛铠.文明的轮回［M］.北京：中国纺织出版社，2007.

［6］胡戟.中国古代礼仪［M］.西安：陕西人民出版社，1994.

［7］崔荣荣，牛犁.清代汉族服饰变革与社会变迁（1616～1840年）［J］.艺术设
    计研究，2015（3）：49-53.

［8］范庆斌，叶玮.历史时期气候变化对中国古代人口的影响［J］.安徽农业科
    学，2014（3）：2833-2836.

［9］孙柞民.山东通史［M］.济南：山东人民出版社，1993.

［10］安作璋.齐鲁文化通史·明清卷［M］.北京：中华书局，2004.

［11］丁广惠.中国传统礼仪考［M］.哈尔滨：黑龙江教育出版社，2016.

［12］徐正英，常佩雨.周礼［M］.北京：中华书局，2014.

［13］彭林.礼乐文明与中国文化精神［M］.北京：中国人民大学出版社，2016.

［14］张士闪.礼俗互动与中国社会研究［J］.齐鲁学刊，2016（6）：14-24.

［15］刘志琴.礼俗互动是中国思想史的本土特色［J］.东方论坛，2008（3）：1-8.

［16］林志强，杨志贤.仪礼开讲［M］.上海：华东师范大学出版社，2013.

［17］刘续兵.从孔子"损益"思想看当代文庙释奠礼建构［J］.山东社会科学，
    2014（9）：157-161.

［18］邓声国.清代仪礼文献研究［M］.上海古籍出版社，2006.

［19］孙晓.中国婚姻史［M］.北京：中国书籍出版社，2016.

［20］陈戍国.中国礼制史·元明清卷［M］.长沙：湖南教育出版社，2011.

［21］胡朴安.中华全国风俗志·上篇·山东［M］.上海：上海文艺出版社，2011.

［22］张佳.新天下之化—明初礼俗改革研究［M］.上海：复旦大学出版社，2014.

［23］王革非.我国古代婚姻与女性传统婚服简略［M］.北京：中国经济出版社，2015.

［24］陈宝良.明代社会生活史［M］.北京：中国社会科学出版社，2004.

［25］陈宝良.中国妇女通史·明代卷［M］.杭州：杭州出版社，2010.

［26］丁凌华.五服制度与传统法律［M］.北京：商务印书馆，2013.

［27］丁鼎.试论中国古代丧服制度的形成和确立［J］.社会科学战线，2002
（11）：128–132.

［28］王建辉.明朝生活图志［M］.北京：中国财政经济出版社，2015.

［29］申时行.明会典［M］.北京：中华书局，1989.

［30］张庆正.明清山东婚俗研究［D］.西安：陕西师范大学，2011.

［31］王洪军.明代济宁孙氏家族文化研究［M］.北京：中华书局，2013.

［32］高丙中，中华文化通志委会.民间风俗志［M］.上海：上海人民出版社，1998.

［33］陈宝良.中国风俗通史·明代卷［M］.上海：上海文艺出版社，2005.

［34］（清）西周生.醒世姻缘传［M］.长沙：岳麓书社，2014.

［35］（清）胡德琳修，李文藻.历城县志［M］.乾隆三十八年（1733）刻本.

［36］明实录类纂·山东史料卷［M］.武汉：武汉出版社，1994.

［37］程玉海.聊城通史·古代卷［M］.北京：中华书局，2005.

［38］孔德平.祭孔礼乐［M］.北京：文物出版社，2009.

［39］赵荣光.明清两代的曲阜衍圣公府［J］.齐鲁学刊，1990（2）：49–54.

［40］（清）孔继汾.阙里文献考（乾隆二十七年）［M］.济南：山东友谊书社，
1989.

［41］孔勇.清代皇帝祭孔与衍圣公陪祀之制初探［J］.历史档案，2017（2）：
　　　90–97.

［42］董喜宁.孔庙祭祀研究［D］.长沙：湖南大学，2011.

［43］刘续兵.文庙释奠礼仪研究［M］.北京：中华书局，2017.

［44］房伟.文庙祀典及其社会功用——以从祀贤儒为中心的考察［D］.曲阜：曲
　　　阜师范大学，2010.

［45］（清）孔继汾.阙里文献考［M］.上海：上海古籍出版社，1996.

［46］秦永洲.近代山东服饰变迁述论［J］.文史哲，2002（3）：152–158.

［47］胡新生.周代的礼制［M］.北京：商务印书馆，2016.

［48］孙机.中国古舆服论丛［M］.北京：文物出版社，2001.

［49］罗祎波.汉唐时期礼仪服饰研究［D］.苏州：苏州大学，2006.

［50］侯会.食货金瓶梅与晚明市井生活［M］.北京：中华书局，2016.

［51］扬眉剑舞.从花树冠到凤冠——隋唐至明代后妃命妇冠饰源流考［J］.艺术
　　　设计研究，2017（1）：20–28.

［52］扬之水.奢华之色——宋元明金银器研究［M］.北京：中华书局，2015.

［53］李雨来，李玉芳.明清绣品［M］.上海：东华大学出版社，2015.

［54］王熹.明代服饰研究［M］.北京：中国书店，2013.

［55］赵丰.大衫与霞帔［J］.文物，2005（2）：75.

［56］高洪兴.缠足史［M］.上海：上海文艺出版社，2007.

［57］徐颂列.唐诗服饰词语研究［M］.杭州：浙江教育出版社，2008.

［58］（美）高彦颐.闺塾师［M］.南京：江苏人民出版社，2005.

［59］高春明.中国历代服饰艺术［M］.北京：中国青年出版社，2009.

［60］贾玺增.中国古代首服研究［D］.上海：东华大学，2008.

［61］张志云.礼制规范、时尚消费与社会变迁：明代服饰文化探微［D］.武汉：

华中师范大学，2008.

［62］华梅.中国历代舆服制研究［M］.北京：商务出版社，2015.

［63］张勃.中国民俗通志节日志［M］.济南：山东教育出版社，2007.

［64］（清）陈梦雷.古今图书集成·二百三十卷·兖州府部［M］.北京：中华书局，1988.

［65］（清）陈梦雷.古今图书集成·二百三十卷·登州府部［M］.北京：中华书局，1988.

［66］王金华.中国传统首饰精品［M］.北京：中国旅游出版社，2014.

［67］许晓东，董宇.中国古代点翠工艺［J］.故宫博物院院刊，2018（1）：65–72.

［68］张勃.红盖头功能解析［J］.河北师范大学学报，2004（5）：160.

［69］沈效敏.圣人家事［M］.北京：中国社会出版社，1983.

［70］邢乐.近代中原地区汉族服饰文化流变与其现代传播研究［D］.无锡：江南大学，2016.

［71］梁惠娥，邢乐.中国最美云肩情思回味之文化［M］.郑州：河南文艺出版社，2013.

［72］李雨来，李玉芳.清代服饰制服与传世实物考［M］.上海：东华大学出版社，2019.

［73］王渊.补服形制研究［D］.上海：东华大学，2011.

［74］郑建芳.孟府孟庙文物珍藏［M］.北京：中国社会出版社，2010.

［75］山东省博物馆.斯文在兹：孔府旧藏服饰［M］.济南：山东省博物馆，2012.

［76］崔荣荣.明代以来汉族民间服饰变革与社会变迁［M］.武汉：武汉理工大学出版社，2017.

［77］徐吉军.中国丧葬史［M］.武汉：武汉大学出版社，2012.

［78］石奕龙.中国民俗通志·丧葬志［M］.济南：山东教育出版社，2005.

［79］万建中.中国历代葬礼［M］.北京：北京图书馆出版社，1998.

［80］赵芳.中国古代丧葬［M］.北京：中国商业出版社，2015.

［81］丁凌华.中国丧服制度史［M］.上海：上海人民出版社，2000.

［82］徐渊.仪礼丧服服叙变除图释［M］.北京：中华书局，2017.

［83］丁凌华.五服制度与传统法律［M］.北京：商务印书馆，2013.

［84］梁惠娥，陈潇潇.江苏民间丧服形制演变及其文化解读［J］.创意与设计，2015（8）：25.

［85］山东省博物馆.鲁荒王墓［M］.北京：文物出版社，2014.

［86］山东省文物保护修复中心.煌煌锦绣［M］.北京：文物出版社，2017.

［87］魏娜.中国传统服装襟边缘饰研究［D］.苏州：苏州大学，2014.

［88］潘鲁生.锦绣衣裳［M］.济南：山东美术出版社，2005.

［89］孔德平.祭孔礼乐［M］.北京：文物出版社，2009.

［90］杨朝明.礼制"损益"与"百世可知"——孔庙释奠礼仪时代性问题省察［J］.济南大学学报（社会科学版），2009（5）：2.

［91］故宫博物院，山东博物馆，曲阜文物局.大羽华裳明清服饰特展［M］.济南：齐鲁书社，2013.

［92］董进.大明衣冠图志［M］.北京：北京大学出版社，2016.

［93］李娉，吕健.孔府旧藏红色湖绸斗牛袍［J］.文物鉴定与鉴赏，2014（1）：76–79.

［94］陈静洁.清末汉族古典华服结构研究［D］.北京：北京服装学院，2010.

［95］赵波.清代袍服研究［J］.服饰导刊，2016（8）：15–24.

［96］丁凌华.五服制度与传统法律［M］.北京：商务印书馆，2013.

［97］刘畅，刘瑞璞.明官袍"侧耳"考［J］.装饰，2017（4）：82–83.

［98］山东省文物保护修复中心.煌煌锦绣［M］.北京：文物出版社，2017.

［99］庄英博.绝世风华——山东博物馆收藏之明清服饰［J］.收藏家，2014（1）：45.

［100］崔莎莎，胡晓东.孔府旧藏明代男子服饰结构选例分析［J］.服饰导刊，2016（2）：61-67.

［101］刘瑞璞，陈静洁.中华民族服饰图考汉族编［M］北京：中国纺织出版社，2013.

［102］许晓.孔府旧藏明代服饰研究［D］.苏州：苏州大学，2014.

［103］赵克生.明代乡射礼的嬗变与兴废［J］.求是学刊，2007（6）：144-149.

［104］常馨月.清朝马蹄袖的装饰语言及功能性探析［J］.美与时代，2018（1）：93-95.

［105］李雨来，李晓君，李晓建.清代服饰制度与传世实物考［M］.上海：东华大学出版社，2019.

［106］邓丹妮，崔荣荣，牛犁.清代女性琵琶襟马甲的艺术符号探究［J］.武汉纺织大学学报，2017（10）：31-35.

［107］李红梅.明清马面裙的形制结构与制作工艺［J］.纺织导报，2016（11）：119-121.

［108］SMITH A R. Color gamut transform pairs ［J］. AcmSiggraph Computer Graphics，1978，12（3）：12-19.

［109］刘姣姣，梁惠娥.晚清传世纺织品的材质鉴别和所用染料的微量分析［J］.光谱学与光谱分析，2019（2）：612-617.

［110］马玲，张晓辉.HSV颜色空间的饱和度与明度关系模型［J］.计算机辅助设计与图形学学报，2014（8）：1273-1278.

［111］崔荣荣，徐亚平.民间服饰艺术中"象征性"要素刍议［J］.丝绸，2007（12）：69-71.

[112] 亓延. 近代山东服饰研究 [D]. 无锡: 江南大学, 2012.

[113] 王贵田. 德州运河文化 [M]. 北京: 线装书局, 2010.

[114] Bradley PS, Fayyad UM. Refining initial points for k-means clustering. In: Proc. of the 15th Internet Conf. on Machine Learning [M]. San Francisco: Morgan Kaufmann Publishers, 1998.

[115] 李亨. 颜色技术原理及其应用 [M]. 北京: 科学出版社, 1994.

[116] Jain AK, Duin RPW, Mao JC. Statistical pattern recognition: A review [J]. IEEE Trans. on Pattern Analysis and Machine Intelligence, 2000 (1): 4-37.

[117] Huang Z. Extensions to the k-means algorithm for clustering large data sets with categorical values [J]. Data Mining and Knowledge, Discovery II, 1998, (2): 283-304.

[118] 梁惠娥, 邢乐. 民间服饰中的"五福"意象及民俗寓意 [J]. 民俗研究, 2012 (6): 97-101.

[119] 吴山. 中国纹样全集 [M]. 济南: 山东美术出版社, 2016.

[120] 刘祥波. 山东民间艺术中的鸟、鱼形象与精神功能研究 [D]. 北京: 中国艺术研究院, 2013.

[121] 王晓予. 基于中原文化地域的汉族服饰图案艺术表征与民俗内涵研究 [D]. 无锡: 江南大学, 2017.

[122] 张晓霞. 中国古代染织纹样史 [M]. 北京: 北京大学出版社, 2016.

[123] 黄能馥, 陈娟娟. 中华历代服饰艺术 [M]. 北京: 中国旅游出版社, 1999.

[124] 崔荣荣, 梁惠娥. 服饰刺绣与民俗情感语言表达 [J]. 纺织学报, 2008 (12): 78-82.

[125] 崔照忠. 青州民俗 [M]. 济南: 山东美术出版社, 2011.

[126] 戴永夏. 山东民俗琐话 [M]. 济南: 济南出版社, 2012.

［127］王良，孙丽娜.事死如事生：孔子故里墓葬文化与孔林［M］.济南：山东文艺出版社，2009.

［128］秦永州.山东社会风俗史［M］.济南：山东人民出版社，2011.

［129］严勇.清代服饰等级［J］.紫禁城，2008（10）：165.

［130］刘克祥.中国麻纺织史话［M］.北京：社会科学文献出版社，2011.

［131］王云.明代山东运河区域社会变迁［M］.北京：人民出版社，2006.

［132］成淑君.明代山东农业开发研究［M］.济南：齐鲁书社，2006.

［133］张晗.明清山东棉业商品化发展研究（1500～1800年）［D］.大连：辽宁师范大学，2018.

［134］李令福.明清山东省棉花种植的发展与主要产区的变化［J］.古今农业，2004（1）：13-18.

［135］赵丰，尚刚，龙博.中国古代物质文明史——纺织［M］.北京：开明出版社，2014.

［136］赵丰.丝绸艺术史［M］.北京：文物出版社，2005.

［137］穆慧玲.传统鲁绣的材质与工艺特点［J］.纺织学报，2013（10）：63-67.

［138］殷航.鲁绣的工艺、艺术及文化研究［D］.上海：东华大学，2014.

［139］殷航，赵军，杨小明.鲁绣的色彩及其文化探究［J］.服饰导刊，2014（1）：86-89.

［140］程方.清代山东农业发展与民生研究［D］.天津：南开大学，2010.

［141］尹建中，刘呈庆.山东明清时期雹灾史料的初步分析［J］.山东师大学报（自然科学版），1998（12）：421.

［142］张国雄，中国历史上移民的主要流向和分期［J］.北京大学学报哲学社会科学版，1996（2）：98-107.

［143］刘娟娟.明清山东移民研究［D］.济南：山东师范，2012.

［144］曹树基.洪武时期鲁西南地区的人口迁移［J］.中国社会经济史研究，1995（4）：16-27.

［145］清会典图［M］.北京：中华书局，1994.

［146］安作璋.齐鲁文化通史·明清卷［M］.北京：中华书局，2004.

［147］方显廷.中国之棉纺织业［M］.上海：商务印书馆，2011.

［148］王宝卿.明清以来山东种植结构变迁及其影响研究［D］.南京：南京农业大学，2006.

［149］许檀.明清时期山东经济的发展［J］.中国经济史研究，1995（3）：49.

［150］朱新予.中国丝绸史通论［M］.上海：中国纺织出版社，1992.

［151］姜颖.山东丝绸史［M］.济南：齐鲁书社，2013.

［152］赵丰.中国丝绸艺术史［M］.北京：文物出版社，2005.

［153］姜颖.山东丝绸史［M］.济南：齐鲁书社，2013.

［154］（清）陈梦雷.古今图书集成·二百三十卷·登州府部［M］.北京：中华书局，1988.

［155］骆承烈.曲阜孔府档案史料选编第三册第三编［M］.济南：齐鲁书社，2000.

［156］安作璋.齐鲁文化通史·明清卷［M］.北京：中华书局，2004.

［157］山东省地方史志编纂委员会.山东省志孔子故里志［M］.北京：中华书局，1994.

［158］安作璋.齐鲁文化通史·明清卷［M］.北京：中华书局，2004.

附录

附录A 明清山东礼仪服饰实物明细表

序号	礼仪类型	名称	实物图片	尺寸（cm）	质地	备注
1	婚礼	明 四兽红罗袍		衣长122 腰宽50 通袖长211 袖宽67	罗	圆领大襟
2	婚礼	明 红纱飞鱼袍		衣长120 腰宽60 通袖长216 袖宽68	纱	交领斜襟
3	婚礼	明 斗牛袍		衣长120 腰宽59 通袖长213 袖宽63	丝	圆领大襟
4	婚礼	明 彩绣香色 罗蟒袍		衣长126.5 腰宽64 通袖长221 袖宽91.5	罗	立领大襟
5	婚礼	明 红色彩绣袍		衣长147 腰宽41 通袖长201 袖宽41	丝	圆领大襟
6	婚礼	明 红色彩绣袍		衣长130 腰宽50 通袖长241 袖宽35	丝	圆领大襟
7	婚礼	清 红缎地绣 八团双喜 字女袍		衣长139 腰宽64 通袖长185 下摆宽114	缎	圆领大襟

序号	礼仪类型	名称	实物图片	尺寸（cm）	质地	备注
8	婚礼	清 红色缎地刺绣八团花卉袍		衣长138 通袖长186 下摆宽115	缎	圆领大襟
9	婚礼	清 红色缎地刺绣袍		衣长138 通袖长185 下摆宽114	纱	交领斜襟
10	婚礼	清 红色刺绣团花袍		衣长138 通袖长186 下摆宽115	丝	圆领大襟
11	婚礼	清 红色团花袍		衣长140 通袖长196 下摆宽112	罗	立领大襟
12	婚礼	清 红色缎地刺绣袍		衣长116 通袖长182 下摆宽110	丝	圆领大襟
13	婚礼	清 红色绸地刺绣袍		衣长116 通袖长182 下摆宽110	缎	圆领大襟
14	婚礼	清 红色平金刺绣袍		衣长110 通袖长182 下摆宽108	丝	圆领大襟

序号	礼仪类型	名称	实物图片	尺寸（cm）	质地	备注
15	婚礼	清 暗花红绸袄		衣长90 腰宽68 通袖长135 袖宽38	绸	圆领大襟
16	婚礼	清 暗花红绸袄		衣长87 腰宽65 通袖长140 袖宽40	绸	圆领大襟
17	婚礼	清 彩绣人物红绸袄		衣长107 腰宽72 通袖长187 袖宽57	绸	圆领大襟
18	婚礼	清 暗杂宝云纹红绸女袄		衣长91 腰宽71 通袖长139 袖宽40.5	绸	圆领大襟
19	婚礼	明 赤色罗素面袍		衣长135 腰宽65 通袖长249 袖宽72	罗	圆领大襟
20	婚礼	明 红罗云鹤补服		衣长132 腰宽60 通袖长242 袖宽63	罗	圆领大襟
21	婚礼	清 蓝绸蟒袍		衣长126.5 腰宽68 通袖长185 袖宽22.3	绸	圆领大襟
22	婚礼	清 蓝缎织金蟒袍		衣长141 腰宽69 通袖长205 袖宽16	缎	圆领大襟

序号	礼仪类型	名称	实物图片	尺寸（cm）	质地	备注
23	婚礼	清蟒褂		衣长130 腰宽80 通袖长180 袖宽27	缎	圆领对襟
24	婚礼	清 SD-K015		裤长103 腰围60 腰高17.7 裆深55 裤口26	丝	—
25	婚礼	清 SD-K003		裤长101 腰围54 腰高23.5 裆深49 裤口27	丝	—
26	婚礼	清 SD-K006		裤92 腰围56.7 腰高18.5 臀围75 裆深55 裤口26.5	丝	—
27	婚礼	明 粉色缎盘金云龙纹女裙		裙长88 腰围120	缎	—
28	婚礼	明 葱绿地妆花纱蟒裙		裙长85 腰围105 腰高11.5 下摆宽191	纱	—

续表

序号	礼仪类型	名称	实物图片	尺寸（cm）	质地	备注
29	婚礼	清 红色缎太平富贵纹裙		腰围60 腰高14 裙长96.5	缎	—
30	婚礼	清 红色缎彩绣牡丹纹裙		腰围55 腰高13 裙长92	缎	—
31	婚礼	清 SD-Q013		腰围130 腰高15.8 裙长94 马面宽38	丝	—
32	婚礼	清 SD-Q016		腰围56.5 腰高14.3 裙长95 马面宽24	丝	—
33	婚礼	清 SD-Q006		腰围50.5 腰高17 裙长87 马面宽28	丝	—
34	婚礼	清 SD-Q037		腰围57 腰高17 裙长94 马面宽29	丝	—
35	婚礼	清 SD-Q009		腰围61 腰高8.5 裙长96 马面宽30	丝	—
36	婚礼	清 SD-Q010		腰围55 腰高14 裙长89 马面宽21.5	丝	—

序号	礼仪类型	名称	实物图片	尺寸（cm）	质地	备注
37	婚礼	清 SD-Q011		腰围55 腰高16.5 裙长93 马面宽29	丝	—
38	婚礼	清 SD-Q028		腰围50 腰高17.5 裙长88	丝	—
39	婚礼	清 SD-Q047		腰围92 腰高15 裙长89	丝	—
40	婚礼	清 SD-Q049		腰围112 腰高16 裙长97	丝	—
41	婚礼	清 SD-Q040		腰围107 腰高16 裙长190.5	丝	—
42	婚礼	清 SD-Q046		腰围129 腰高14.8 裙长95	丝	—
43	婚礼	清 SD-Q030		腰围53.6 腰高11.2 裙长86.5	丝	—
44	婚礼	清 SD-Q001		腰围47.6 腰高16.8 裙长85	丝	—

序号	礼仪类型	名称	实物图片	尺寸（cm）	质地	备注
45	婚礼	清 红色妆花缎雀纹霞帔		身长120 肩宽52 下摆宽74	缎	—
46	婚礼	清 红色妆花缎霞帔		身长110 肩宽50 下摆宽70	缎	—
47	婚礼	清 红色妆花缎霞帔		身长112 肩宽52 下摆宽76	缎	—
48	婚礼	清 SD-YJ021		半径55	丝	—
49	婚礼	清 SD-YJ022		半径55 领高4.5	丝	—
50	婚礼	清 SD-YJ028		半径37.5	丝	—

序号	礼仪类型	名称	实物图片	尺寸（cm）	质地	备注
51	婚礼	清 SD- YJ009		半径39	丝	—
52	婚礼	清 SD- YJ005		半径39	丝	—
53	婚礼	清 SD- YJ033		半径47	丝	—
54	婚礼	清 SD- YJ034		半径35 领高3.4	丝	—
55	婚礼	清 SD- YJ043		半径45	丝	—
56	葬礼	明 黄色四团 金龙纹织 金缎袍		衣长130 通袖长220 袖宽15 下摆宽138	缎	圆领大襟

序号	礼仪类型	名称	实物图片	尺寸（cm）	质地	备注
57	葬礼	清 花蝶纹暗花绫夹袍		衣长123 领宽12 通袖长181 袖口宽15 下摆宽104	绫	圆领大襟
58	葬礼	清 团五蝠捧寿纹暗花绫夹袍		衣长130 领宽12 通袖长210 袖口宽15.5 下摆宽101	绫	圆领大襟
59	葬礼	清 缠枝花卉纹暗花缎短衫		衣长127 领口宽13 通袖长195 袖口宽15 下摆宽81	缎	圆领对襟
60	葬礼	清 素绢夹袍		衣长76 领口宽13 通袖长192 袖口宽15 下摆宽109	绢	圆领大襟
61	葬礼	清 缠枝花卉纹绸小袄		衣长77 领口宽13 通袖长187 袖口宽15 下摆宽80	绸	圆领大襟
62	葬礼	清 团二龙戏珠纹暗花绫夹褂		衣长126 领口宽12 通袖长179 下摆宽110	绫	圆领对襟
63	葬礼	清 五蝠团兽纹暗花绉绸补褂		衣长125 领口宽10 通袖长170 下摆宽101	绸	圆领对襟

序号	礼仪类型	名称	实物图片	尺寸（cm）	质地	备注
64	葬礼	清 素绢夹袍		衣长117 领口宽15 通袖长190 下摆宽103	绢	圆领大襟
65	葬礼	清 素绢短衫		衣长79.8 领宽14 通袖长194 袖口宽16 下摆宽79.8	绢	圆领大襟
66	葬礼	清 团花太极纹暗花绸绸夹袍		衣长136 领宽13 通袖长215 下摆宽95	绸	圆领大襟
67	葬礼	清 团二龙戏珠纹暗花绫夹袍		衣长143 领宽12 通袖长208 下摆宽113	绫	圆领大襟
68	葬礼	清 团二龙戏珠纹缀立领暗花绸绸夹袍		衣长138 领宽8 立领长44 通袖长212 下摆宽116	绸	圆领大襟
69	葬礼	清 绣金龙吉祥纹绫蟒袍		衣长143 领宽12 通袖长208 下摆宽117	绫	圆领大襟
70	葬礼	明 蓝罗盘金蟒袍		衣长118 腰宽62 通袖长221 袖宽88	罗	圆领大襟

序号	礼仪类型	名称	实物图片	尺寸（cm）	质地	备注
71	祭祀礼	明赤罗衣		衣长118 腰宽62 通袖长250 袖宽73	罗	交领斜襟
72	祭祀礼	明赤罗裳		裙长89 腰围129	罗	—
73	祭祀礼	清红绸袍		衣长149 通袖长208 下摆宽116	绸	圆领大襟
74	婚礼	明平翅乌纱帽		帽高20.9 帽口19.7	纱	—
75	婚礼葬礼	明忠敬冠		帽高20 帽口21.5	绸	—
76	葬礼	明乌纱折上巾		帽高22.5 帽口长径19.5 帽口短径15.2	纱	—
77	祭祀礼	明梁冠		帽高27 帽口18.5	纱	—
78	婚礼葬礼	清暖帽		帽高14.5 帽口19	丝绒	—

序号	礼仪类型	名称	实物图片	尺寸（cm）	质地	备注
79	葬礼	清 缎地如意帽		帽高8 帽口15	缎	—
80	葬礼	清 缎地暖帽		帽高20 帽口23	缎	—
81	葬礼	清 缎地暖帽		帽高20 帽口25	缎	—
82	婚礼 葬礼	清 SD-X050		鞋长15.7 鞋宽4.5	丝	—
83	婚礼 葬礼	清 SD-X053		鞋长14.7 鞋宽4.5	棉	—
84	婚礼 葬礼	清 SD-X055		鞋长14.5 鞋宽4.3	丝	—
85	婚礼 葬礼	清 SD-X059		鞋长14 鞋宽5.6	丝	—
86	婚礼 葬礼	清 SD-X049		鞋长15.3 鞋宽4.5	丝	—
87	婚礼 葬礼	清 SD-X001		鞋长15.5 鞋宽5	绸	—

序号	礼仪 类型	名称	实物图片	尺寸（cm）	质地	备注
88	婚礼 葬礼	清 SD-X003		鞋长16.5 鞋宽5	丝	—
89	婚礼 葬礼	清 SD-X008		鞋长15.5 鞋宽5	丝	—
90	婚礼 葬礼	清 SD-X009		鞋长14.5 鞋宽4	丝	—
91	婚礼 葬礼	清 SD-X029		鞋长17.2 鞋宽5.5	丝	—
92	婚礼 葬礼	清 SD-X036		鞋长14.5 鞋宽4.5	丝	—
93	婚礼 葬礼	清 SD-X037		鞋长15.5 鞋宽4.8	丝	—
94	婚礼 葬礼	清 SD-X048		鞋长14.8 鞋宽4.5	丝	—
95	婚礼 葬礼	清 SD-X011		鞋长15.5 鞋宽4.7	丝	—

附录B 明清山东礼仪服饰色彩实验数据表

序号	名称	实物图	主色及其数值	配色及其数值	
1	明 四兽红 罗袍		H(354) S(69) V(42)		H(23)S(73)V(63) H(2)S(68)V(62) H(11)S(57)V(72)
					H(91)S(66)V(33) H(62)S(60)V(32) H(86)S(12)V(24)
					H(240)S(49)V(27) H(233)S(58)V(40) H(208)S(47)V(33)
					H(49)S(79)V(71) H(44)S(85)V(58) H(30)S(45)V(96)
2	明 红纱飞 鱼袍		H(351) S(90) V(54)		H(12)S(71)V(49) H(9)S(67)V(65) H(21)S(53)V(85)
					H(210)S(29)V(27) H(205)S(77)V(36) H(131)S(42)V(58)
					H(259)S(38)V(35) H(260)S(37)V(65) H(329)S(75)V(45)
					H(214)S(59)V(70) H(220)S(55)V(63) H(209)S(55)V(50)

序号	名称	实物图	主色及其数值	配色及其数值	
3	明斗牛袍		H（5）S（73）V（67）		H（61）S（35）V（75）
					H（56）S（55）V（82）
					H（54）S（100）V（72）
					H（112）S（23）V（53）
					H（74）S（54）V（56）
					H（66）S（19）V（65）
					H（218）S（40）V（46）
					H（208）S（25）V（63）
					H（283）S（13）V（53）
					H（34）S（76）V（53）
					H（26）S（81）V（48）
					H（41）S（79）V（67）
4	明彩绣香色罗蟒袍		H（14）S（69）V（55）		H（45）S（49）V（59）
					H（34）S（49）V（65）
					H（36）S（30）V（82）
					H（5）S（68）V（52）
					H（11）S（67）V（63）
					H（18）S（50）V（75）
					H（17）S（41）V（24）
					H（30）S（48）V（34）
					H（59）S（29）V（34）
					H（354）S（24）V（23）
					H（316）S（29）V（22）
					H（322）S（27）V（40）
5	明红色彩绣袍		H（6）S（92）V（72）		H（11）S（94）V（64）
					H（6）S（98）V（72）
					H（357）S（100）V（49）
					H（36）S（69）V（55）
					H（44）S（78）V（53）
					H（39）S（38）V（70）
					H（165）S（52）V（24）
					H（98）S（45）V（26）
					H（105）S（41）V（33）
					H（229）S（46）V（23）
					H（252）S（62）V（3）
					H（345）S（100）V（2）

序号	名称	实物图	主色及其数值	配色及其数值
6	明 红色彩 绣袍		H（7） S（75） V（68）	H（0）S（99）V（33） H（357）S（95）V（76） H（8）S（100）V（24） H（26）S（68）V（79） H（23）S（67）V（64） H（25）S（46）V（86） H（99）S（46）V（20） H（116）S（23）V（25） H（47）S（53）V（21） H（229）S（63）V（40） H（221）S（48）V（58） H（350）S（18）V（54）
7	清 红缎地 绣八团 双喜字 女袍		H（0） S（99） V（86）	H（249）S（57）V（22） H（243）S（55）V（51） H（232）S（37）V（54） H（18）S（74）V（87） H（29）S（75）V（99） H（36）S（43）V（88） H（100）S（5）V（25） H（345）S（3）V（53） H（39）S（19）V（54） H（276）S（67）V（16） H（273）S（93）V（36） H（0）S（100）V（3）
8	清 红色缎 地刺绣 八团花 卉袍		H（1） S（74） V（48）	H（3）S（80）V（43） H（10）S（69）V（69） H（5）S（76）V（63） H（41）S（58）V（55） H（39）S（48）V（69） H（32）S（55）V（64） H（69）S（27）V（40） H（53）S（28）V（46） H（132）S（13）V（29） H（229）S（27）V（46） H（199）S（20）V（49） H（263）S（40）V（21）

序号	名称	实物图	主色及其数值	配色及其数值
9	清 红色缎地 刺绣袍		H（359） S（99） V（77）	H（32）S（61）V（69） H（34）S（44）V（75） H（33）S（64）V（51）
				H（234）S（71）V（31） H（198）S（22）V（60） H（210）S（26）V（63）
				H（71）S（42）V（44） H（52）S（41）V（51） H（80）S（16）V（58）
				H（9）S（70）V（86） H（16）S（40）V（93） H（26）S（33）V（90）
10	清 红色刺绣 团花袍		H（359） S（99） V（69）	H（44）S（70）V（82） H（33）S（67）V（85） H（37）S（66）V（75）
				H（4）S（77）V（99） H（9）S（81）V（99） H（16）S（50）V（87）
				H（229）S（38）V（47） H（203）S（15）V（56） H（190）S（19）V（74）
				H（59）S（39）V（45） H（148）S（11）V（48） H（45）S（14）V（87）
11	清 红色团 花袍		H（1） S（100） V（60）	H（33）S（7）V（58） H（28）S（22）V（63） H（132）S（6）V（31）
				H（294）S（64）V（30） H（300）S（24）V（39） H（344）S（40）V（56）
				H（37）S（56）V（77） H（37）S（83）V（45） H（34）S（83）V（37）
				H（232）S（87）V（24） H（243）S（39）V（39） H（229）S（23）V（55）

序号	名称	实物图	主色及其数值		配色及其数值	
12	清 红色缎地 刺绣袍		H（2） S（89） V（84）			H（26）S（80）V（79） H（31）S（61）V（75） H（10）S（88）V（44）
						H（356）S（77）V（15） H（237）S（31）V（51） H（210）S（12）V（60）
						H（8）S（86）V（92） H（0）S（100）V（52） H（15）S（32）V（95）
						H（42）S（24）V（37） H（36）S（16）V（80）
13	清 红色绸地 刺绣袍		H（1） S（95） V（68）			H（9）S（93）V（53） H（1）S（92）V（84） H（5）S（87）V（81）
						H（25）S（80）V（77） H（11）S（82）V（94） H（25）S（80）V（70）
						H（249）S（23）V（33） H（282）S（56）V（31） H（287）S（90）V（8）
						H（221）S（38）V（51） H（225）S（10）V（62） H（30）S（11）V（74）
14	清 彩绣人物 红绸袄		H（358） S（89） V（78）			H（64）S（67）V（8）
						H（217）S（35）V（51） H（43）S（53）V（84） H（29）S（77）V（98）
						H（225）S（50）V（71） H（205）S（64）V（38） H（210）S（52）V（40）
						H（33）S（62）V（61） H（38）S（37）V（91） H（10）S（54）V（100）

序号	名称	实物图	主色及其数值		配色及其数值	
15	清暗杂宝云纹红绸女袄		H（358）S（89）V（78）		H（64）S（67）V（8）	
					H（217）S（35）V（51） H（43）S（53）V（84） H（29）S（77）V（98）	
					H（225）S（50）V（71） H（205）S（64）V（38） H（210）S（52）V（40）	
					H（33）S（62）V（61） H（38）S（37）V（91） H（10）S（54）V（100）	
16	清蓝绸蟒袍		H（233）S（39）V（49）		H（232）S（29）V（48） H（186）S（16）V（48） H（219）S（37）V（68）	
					H（17）S（17）V（32） H（34）S（32）V（58） H（26）S（26）V（67）	
					H（100）S（26）V（48） H（113）S（12）V（58） H（78）S（32）V（57）	
					H（276）S（17）V（25） H（309）S（10）V（55）	
17	清蓝缎织金蟒袍		H（264）S（34）V（29）		H（245）S（14）V（33） H（225）S（43）V（49） H（223）S（49）V（55）	
					H（13）S（33）V（37） H（02）S（60）V（62） H（25）S（60）V（78）	
					H（37）S（28）V（46） H（18）S（26）V（54） H（27）S（20）V（86）	
					H（184）S（16）V（40） H（71）S（16）V（48） H（66）S（26）V（77）	

序号	名称	实物图	主色及其数值	配色及其数值	
18	明 蓝罗盘 金蟒袍		H（229） S（60） V（35）		H（285）S（22）V（31） H（263）S（6）V（46） H（187）S（7）V（50）
					H（359）S（56）V（53） H（359）S（64）V（49） H（5）S（62）V（60）
					H（175）S（79）V（19） H（191）S（25）V（37） H（164）S（47）V（39）
					H（42）S（47）V（51） H（27）S（28）V（53） H（37）S（47）V（60）
19	清 暗花红 绸袄		H（14） S（69） V（55）		H（5）S（68）V（52） H（11）S（67）V（63） H（18）S（50）V（75）
					H（45）S（49）V（59） H（60）S（32）V（42） H（59）S（29）V（34）
					H（23）S（31）V（81） H（34）S（49）V（65） H（40）S（50）V（77）
					H（297）S（3）V（37） H（257）S（11）V（47） H（17）S（41）V（24）
20	清 暗花紫 绸袄		H（229） S（60） V（35）		H（125）S（8）V（15） H（196）S（70）V（17）
					H（359）S（56）V（53） H（359）S（64）V（49） H（50）S（62）V（60）
					H（42）S（47）V（51） H（27）S（28）V（53） H（37）S（47）V（60）
					H（285）S（22）V（31） H（187）S（7）V（50）

序号	名称	实物图	主色及其数值		配色及其数值
21	清 SD- A011		H（4） S（54） V（61）		H（6）S（52）V（72） H（6）S（63）V（47） H（5）S（65）V（55）
					H（332）S（43）V（85） H（339）S（33）V（83）
					H（188）S（38）V（77） H（193）S（43）V（53） H（171）S（21）V（75）
					H（112）S（38）V（41） H（102）S（48）V（38）
22	清 红色妆 花缎雀 纹霞帔		H（3） S（83） V（73）		H（5）S（82）V（66） H（4）S（58）V（77） H（5）S（69）V（56）
					H（27）S（64）V（76） H（25）S（70）V（64） H（21）S（70）V（41）
					H（344）S（58）V（38） H（267）S（51）V（27） H（217）S（13）V（73）
					H（76）S（36）V（40） H（44）S（18）V（49） H（52）S（34）V（43）
23	清 红色妆花 缎霞帔		H（6） S（84） V（78）		H（33）S（70）V（71） H（16）S（87）V（56） H（20）S（68）V（47）
					H（9）S（56）V（50） H（9）S（93）V（29） H（348）S（47）V（13）
					H（37）S（63）V（25） H（21）S（39）V（31） H（20）S（49）V（27）
					H（7）S（81）V（44） H（17）S（71）V（78） H（13）S（38）V（84）

序号	名称	实物图	主色及其数值	配色及其数值	
24	清 红色妆 花霞帔		H（359） S（85） V（67）		H（8）S（65）V（77） H（3）S（84）V（50） H（10）S（82）V（56）
					H（19）S（58）V（74） H（9）S（81）V（51） H（13）S（64）V（33）
					H（354）S（73）V（17） H（350）S（56）V（18） H（348）S（68）V（23）
25	清 SD–K015		H（333） S（81） V（55）		H（240）S（53）V（45） H（206）S（43）V（44） H（277）S（12）V（84）
					H（109）S（15）V（73） H（86）S（15）V（78） H（44）S（34）V（73）
					H（323）S（54）V（98） H（15）S（28）V（89） H（31）S（23）V（77）
26	清 SD–K003		H（337） S（78） V（55）		H（339）S（81）V（37） H（332）S（63）V（78） H（337）S（49）V（84）
					H（203）S（64）V（64）
					H（141）S（33）V（45） H（171）S（31）V（56）
					H（150）S（1）V（57） H（43）S（23）V（78）
27	清 SD–K006		H（331） S（84） V（88）		H（203）S（33）V（72） H（183）S（34）V（74）
					H（136）S（25）V（86） H（111）S（7）V（75）
					H（323）S（29）V（100） H（327）S（85）V（67） H（344）S（63）V（47）
					H（33）S（20）V（88）

续表

序号	名称	实物图	主色及其数值	配色及其数值	
28	清 SD-K007		H（235）S（73）V（26）		H（322）S（40）V（59） H（308）S（31）V（38） H（313）S（14）V（65）
					H（209）S（58）V（43） H（205）S（35）V（67） H（215）S（11）V（67）
					H（41）S（47）V（51） H（48）S（33）V（77） H（55）S（11）V（80）
					H（173）S（25）V（42） H（164）S（20）V（48） H（159）S（11）V（58）
29	明 粉色缎盘金云龙纹女裙		H（14）S（69）V（55）		H（5）S（68）V（52） H（11）S（67）V（63） H（18）S（50）V（75）
					H（45）S（49）V（59） H（60）S（32）V（42） H（59）S（29）V（34）
					H（23）S（31）V（81） H（34）S（49）V（65） H（40）S（50）V（77）
					H（297）S（3）V（37） H（257）S（11）V（47） H（17）S（41）V（24）
30	明 葱绿地妆花纱蟒裙		H（63）S（72）V（38）		H（53）S（80）V（56） H（61）S（71）V（36） H（49）S（96）V（53）
					H（35）S（65）V（86） H（41）S（73）V（88） H（47）S（62）V（87）
					H（4）S（77）V（93） H（14）S（96）V（59） H（9）S（100）V（53）

序号	名称	实物图	主色及其数值	配色及其数值	
31	清 红色缎 太平富 贵纹裙		H（351） S（82） V（66）		H（354）S（62）V（55） H（358）S（63）V（41） H（358）S（64）V（49）
					H（117）S（21）V（33） H（107）S（23）V（24） H（140）S（26）V（27）
					H（220）S（67）V（27） H（224）S（85）V（19） H（230）S（79）V（26）
					H（4）S（27）V（60） H（26）S（10）V（62） H（35）S（11）V（59）
32	清 红色缎 彩绣牡 丹纹裙		H（0） S（72） V（71）		H（333）S（43）V（84） H（341）S（65）V（65） H（343）S（73）V（56）
					H（188）S（57）V（33） H（183）S（25）V（56） H（202）S（12）V（26）
					H（30）S（24）V（69） H（340）S（17）V（84） H（11）S（20）V（78）
33	清 SD- Q047		H（25） S（87） V（82）		H（332）S（74）V（85） H（332）S（75）V（87） H（333）S（48）V（99）
					H（333）S（75）V（27） H（332）S（78）V（33） H（329）S（56）V（46）
					H（106）S（24）V（71） H（90）S（25）V（72） H（53）S（33）V（85）
					H（240）S（13）V（30） H（211）S（26）V（53） H（69）S（12）V（42）

序号	名称	实物图	主色及其数值		配色及其数值	
34	清 SD– Q049			H（5） S（84） V（86）		H（331）S（69）V（89）
						H（239）S（61）V（55）
						H（99）S（12）V（75）
						H（194）S（35）V（83）
						H（353）S（11）V（91）
						H（35）S（99）V（100）
35	清 SD– Q030			H（356） S（64） V（84）		H（55）S（59）V（59）
						H（84）S（71）V（46）
						H（50）S（25）V（80）
						H（323）S（64）V（40）
36	清 SD– Q046			H（0） S（72） V（71）		H（44）S（11）V（76）
						H（71）S（50）V（83）
						H（198）S（30）V（88）
						H（9）S（78）V（100）
						H（46）S（52）V（97）
37	清 SD– Q001			H（192） S（9） V（21）		H（196）S（69）V（97）
						H（284）S（21）V（84）
						H（170）S（29）V（80）
						H（355）S（87）V（93）
38	清 SD– Q006			H（5） S（95） V（82）		H（1）S（51）V（89） H（347）S（67）V（96） H（350）S（81）V（82）
						H（70）S（69）V（60） H（83）S（70）V（51） H（72）S（87）V（46）
						H（231）S（9）V（60） H（213）S（69）V（55） H（236）S（75）V（39）
						H（0）S（33）V（2）

序号	名称	实物图	主色及其数值		配色及其数值
39	清 SD–Q011		H（8）S（91）V（83）		H（358）S（64）V（97） H（343）S（71）V（100） H（346）S（85）V（89）
					H（74）S（35）V（63） H（134）S（38）V（58） H（145）S（51）V（39）
					H（158）S（27）V（64） H（178）S（42）V（57） H（173）S（66）V（49）
					H（30）S（33）V（2）
40	清 SD–Q013		H（3）S（86）V（100）		H（326）S（29）V（100） H（327）S（88）V（100） H（334）S（92）V（91）
					H（97）S（56）V（79） H（139）S（100）V（60） H（141）S（100）V（50）
					H（207）S（48）V（86） H（210）S（100）V（84） H（236）S（69）V（56）
					H（0）S（0）V（2）
41	清 SD–Q016		H（4）S（87）V（89）		H（355）S（50）V（98） H（343）S（73）V（99） H（346）S（82）V（92）
					H（17）S（40）V（90） H（35）S（45）V（83） H（28）S（49）V（83）
					H（105）S（14）V（57） H（143）S（22）V（60） H（90）S（15）V（54）
					H（0）S（0）V（3）

序号	名称	实物图	主色及其数值	配色及其数值
42	清 SD-Q006		H（8） S（91） V（83）	H（358）S（37）V（93） H（341）S（49）V（100） H（338）S（83）V（100）
				H（54）S（19）V（76） H（29）S（33）V（87） H（27）S（42）V（79）
				H（157）S（27）V（76） H（176）S（60）V（62） H（178）S（50）V（49）
				H（20）S（27）V（4）
43	清 SD-YJ021		H（14） S（69） V（55）	H（5）S（68）V（52） H（11）S（67）V（63） H（18）S（50）V（75）
				H（45）S（49）V（59） H（60）S（32）V（42） H（59）S（29）V（34）
				H（23）S（31）V（81） H（34）S（49）V（65） H（40）S（50）V（77）
				H（297）S（3）V（37） H（257）S（11）V（47） H（17）S（41）V（24）
44	清 SD-YJ022		H（229） S（60） V（35）	H（125）S（8）V（15） H（196）S（70）V（17） H（207）S（43）V（25）
				H（359）S（56）V（53） H（359）S（64）V（49） H（50）S（62）V（60）
				H（42）S（47）V（51） H（27）S（28）V（53） H（37）S（47）V（60）
				H（285）S（22）V（31） H（263）S（6）V（46） H（187）S（7）V（50）

序号	名称	实物图	主色及其数值		配色及其数值	
45	清 SD-YJ028			H（357） S（82） V（79）		H（7）S（76）V（55）
						H（4）S（72）V（94）
						H（9）S（57）V（94）
						H（26）S（87）V（100）
						H（43）S（53）V（84）
						H（29）S（77）V（98）
						H（225）S（50）V（71）
						H（221）S（61）V（77）
						H（295）S（40）V（45）
						H（76）S（19）V（75）
						H（55）S（16）V（87）
46	清 SD-YJ009			H（1） S（71） V（70）		H（333）S（63）V（75）
						H（336）S（74）V（64）
						H（346）S（40）V（80）
						H（123）S（44）V（53）
						H（137）S（45）V（31）
						H（117）S（52）V（45）
						H（203）S（63）V（38）
						H（250）S（41）V（29）
						H（221）S（52）V（54）
						H（51）S（9）V（64）
						H（26）S（6）V（48）
						H（86）S（7）V（42）
47	清 SD-YJ005			H（1） S（75） V（62）		H（358）S（85）V（91）
						H（353）S（65）V（65）
						H（358）S（63）V（53）
						H（209）S（44）V（45）
						H（223）S（52）V（37）
						H（206）S（36）V（53）
						H（41）S（61）V（82）
						H（39）S（61）V（84）
						H（38）S（51）V（84）
						H（90）S（41）V（44）
						H（85）S（35）V（50）
						H（59）S（49）V（67）

序号	名称	实物图	主色及其数值	配色及其数值	
48	清 SD– YJ033		H（351） S（81） V（77）		H（327）S（73）V（69） H（330）S（39）V（81） H（328）S（64）V（48）
					H（260）S（71）V（34） H（266）S（70）V（21） H（261）S（58）V（49）
					H（196）S（30）V（60） H（70）S（4）V（56） H（170）S（73）V（75）
					H（92）S（73）V（43） H（99）S（53）V（60） H（65）S（43）V（51）
49	清 SD– YJ007		H（18） S（82） V（80）		H（15）S（81）V（71） H（28）S（61）V（75） H（17）S（71）V（64）
					H（54）S（80）V（79） H（53）S（64）V（80） H（54）S（70）V（80）
					H（206）S（37）V（60） H（208）S（43）V（45） H（223）S（61）V（45）
					H（125）S（43）V（41） H（81）S（63）V（65） H（145）S（45）V（50）
50	清 SD– X050		H（14） S（69） V（55）		H（41）S（42）V（67） H（44）S（43）V（48） H（39）S（45）V（60）
					H（88）S（20）V（54） H（96）S（22）V（36） H（86）S（28）V（43）
					H（41）S（34）V（69） H（41）S（33）V（71） H（39）S（32）V（77）
					H（227）S（44）V（41） H（235）S（49）V（40） H（221）S（49）V（38）

续表

序号	名称	实物图	主色及其数值	配色及其数值	
51	清 SD– X053		H（220） S（6） V（20）		H（173）S（19）V（71） H（184）S（22）V（56） H（182）S（31）V（45）
					H（342）S（79）V（63） H（344）S（75）V（59） H（342）S（62）V（80）
					H（40）S（22）V（74） H（42）S（10）V（76） H（28）S（7）V（73）
52	清 SD– X055		H（169） S（13） V（49）		H（112）S（14）V（60） H（103）S（24）V（35） H（80）S（21）V（51）
					H（25）S（35）V（62） H（24）S（43）V（47） H（1）S（30）V（66）
					H（7）S（73）V（67） H（9）S（77）V（56） H（10）S（68）V（65）
					H（44）S（24）V（66） H（41）S（20）V（76） H（45）S（17）V（71）
53	清 SD– X059		H（318） S（9） V（54）		H（166）S（23）V（69） H（156）S（24）V（48） H（178）S（24）V（65）
					H（35）S（11）V（65） H（32）S（14）V（74） H（48）S（16）V（60）
					H（289）S（23）V（56） H（290）S（31）V（53） H（293）S（27）V（50）
					H（315）S（64）V（74） H（314）S（40）V（77） H（320）S（37）V（68）

序号	名称	实物图	主色及其数值		配色及其数值
54	清 SD– X008		H（30） S（32） V（59）		H（78）S（29）V（53） H（80）S（15）V（70） H（83）S（36）V（39）
					H（50）S（13）V18） H（60）S（8）V（10） H（60）S（5）V（15）
					H（46）S（31）V（74） H（46）S（33）V（71） H（43）S（34）V（73）
55	清 SD– X029		H（30） S（32） V（59）		H（78）S（29）V（53） H（80）S（15）V（70） H（83）S（36）V（39）
					H（50）S（13）V18） H（60）S（8）V（10） H（60）S（5）V（15）
					H（46）S（31）V（74） H（46）S（33）V（71） H（43）S（34）V（73）
56	清 SD– X049		H（160） S（47） V（44）		H（344）S（41）V（69） H（344）S（59）V（55） H（346）S（66）V（49）
					H（31）S（26）V（69） H（26）S（20）V（67） H（24）S（17）V（70）
					H（96）S（11）V（69） H（74）S（17）V（60） H（73）S（26）V（51）
					H（182）S（22）V（62） H（171）S（20）V（62） H（172）S（18）V（65）
					H（339）S（75）V（62） H（334）S（72）V（48） H（311）S（30）V（44）

序号	名称	实物图	主色及其数值	配色及其数值	
57	清 SD–X001		H（50）S（6）V（14）		H（17）S（69）V（59）
					H（17）S（57）V（60）
					H（19）S（65）V（40）
					H（58）S（25）V（46）
					H（49）S（25）V（51）
					H（52）S（32）V（45）
					H（214）S（30）V（39）
					H（210）S（24）V（29）
					H（207）S（10）V（35）
					H（39）S（33）V（67）
					H（35）S（42）V（47）
					H（38）S（31）V（67）
58	清 SD–X007		H（321）S（72）V（70）		H（41）S（42）V（67）
					H（44）S（43）V（48）
					H（39）S（45）V（60）
					H（88）S（20）V（54）
					H（96）S（22）V（36）
					H（86）S（28）V（43）
					H（41）S（34）V（69）
					H（41）S（33）V（71）
					H（39）S（32）V（77）
					H（227）S（44）V（41）
					H（235）S（49）V（40）
					H（221）S（49）V（38）
59	清 SD–X009		H（3）S（75）V（94）		H（41）S（42）V（67）
					H（44）S（43）V（48）
					H（39）S（45）V（60）
					H（88）S（20）V（54）
					H（96）S（22）V（36）
					H（86）S（28）V（43）
					H（41）S（34）V（69）
					H（41）S（33）V（71）
					H（39）S（32）V（77）
					H（227）S（44）V（41）
					H（235）S（49）V（40）
					H（221）S（49）V（38）

序号	名称	实物图	主色及其数值	配色及其数值	
60	清 SD– X036		H（354） S（52） V（66）		H（358）S（85）V（91） H（353）S（65）V（65） H（358）S（63）V（53）
					H（209）S（44）V（45） H（223）S（52）V（37） H（206）S（36）V（53）
					H（41）S（61）V（82） H（39）S（61）V（84） H（38）S（51）V（84）
61	清 SD– X048		H（220） S（8） V（15）		H（327）S（73）V（69） H（330）S（39）V（81） H（328）S（64）V（48）
					H（260）S（71）V（34） H（266）S（70）V（21） H（261）S（58）V（49）
					H（196）S（30）V（60） H（70）S（4）V（56） H（170）S（73）V（75）
					H（92）S（73）V（43） H（99）S（53）V（60） H（65）S（43）V（51）
62	清 SD– X011		H（300） S（33） V（43）		H（173）S（19）V（71） H（184）S（22）V（56） H（182）S（31）V（45）
					H（342）S（79）V（63） H（344）S（75）V（59） H（342）S（62）V（80）
					H（40）S（22）V（74） H（42）S（10）V（76） H（28）S（7）V（73）

序号	名称	实物图	主色及其数值	配色及其数值		
63	清 SD–X037		H（192） S（14） V（14）		H（125）S（8）V（15）	
					H（196）S（70）V（17）	
					H（207）S（43）V（25）	
					H（359）S（56）V（53）	
					H（359）S（64）V（49）	
					H（50）S（62）V（60）	
					H（42）S（47）V（51）	
					H（27）S（28）V（53）	
					H（37）S（47）V（60）	

后记

　　此书是在本人博士毕业论文的基础上，结合2021年立项的教育部人文社会科学研究项目《明清黄河流域礼仪服饰艺术嬗变与文化谱系构建研究》的部分研究内容集结而成。

　　在研究阶段，衷心感激我的恩师梁惠娥教授。作为我的博士导师，梁老师为我标明了通向梦想的路标，带我走上崭新的学术平台，开启了充满挑战又收获满满的学术旅程。教导、帮助我解决一个又一个难题。在跟随梁老师学习的日子里，我感受到了老师孜孜求索的精神和无微不至的关怀，也锻炼了自己迎难而上不畏失败的勇气和毅力，这些都是无比珍贵的人生财富。真诚地感谢梁老师犹如灯塔一般，一路指引、帮助、照亮我，感谢老师！

　　感谢给予我帮助的崔荣荣老师、邢乐老师、沈天琦老师、牛犁老师，老师们严谨治学的态度和无私的帮助，给予我信心和力量。感谢山东孔子研究院孔祥林院长、刘续兵院长在儒家礼文化方面给予的专业指导和帮助，使我的研究拨云见日，更加深入地学习了儒家礼文化。感谢我的工作单位齐鲁工业大学艺术设计学院的同事们在生活和工作中给予的关怀和帮助。感谢私人收藏家李雨来先生和李玉芳女士，他们慷慨、毫无保留地提供珍贵藏品支持我进行学术研究，使我有幸接触到几百年前的珍贵服饰文物并提取了一手研究数据。耐心细致的专业讲述，不厌其烦的指教工艺技法，这种大家风范和渊博学识，让我钦佩又感动。感谢北京服装学院的刘瑞璞教授、陈芳教授在服装结构和个案研究方法方面对我的指导，感谢中国艺术研究院赵联赏教授、李宏复教授，对明代服饰、刺绣技艺及古籍研究方面的指导。

庞杂、繁复的研究，每一个环节都有不同的难度，在不断自我推翻、重塑、再推翻、再重塑的过程中完成一次又一次的挑战。在这段漫长、枯燥、沉闷的日子里，只有志同道合的伙伴能够走进我心灵深处，理解、帮助、陪伴我拨开迷雾。感谢给予我帮助的同学。她们犹如夜空中的点点繁星，在我求索的道路中闪耀着智慧的光芒，汇集成回忆中永恒的美丽极光。

感谢中国纺织出版社有限公司编辑老师在本书编审过程中付出的辛勤工作。

尽管目前对明清时期的礼仪服饰研究仍有待深入，但是怀揣着对中国古代礼仪服饰文化的敬畏，对前辈学者们的仰慕，我必将努力再努力，力求为传统服饰研究贡献一份力量。

书中使用的图片多来自各大博物馆实物、资料以及前人研究成果，由于写作仓促，恕不能一一征询意见，敬请见谅。行文至此，心中惴惴之情依然。文中疏谬之处，衷心祈望同行方家指正。

李俞霏

2021年10月于济南